嵌入式实时操作系统
μC/OS – III 应用开发
——基于 STM32 微控制器

μC/OS – III，The Real – Time Kernel for the STM32 ARM Cortex – M3

〔美〕Jean J. Labrosse 著

何小庆 张爱华 译

北京航空航天大学出版社

内 容 简 介

原书的第 1 部分宽泛地讲述实时内核，把 μC/OS-III 作为实时内核的实例加以介绍。本书(原书第 2 部分)则看起来完全不同，它给出了流行的微控制器 STM32 介绍、评估板原理图和实际开发的 6 个范例，包括译者补充的 2 个范例：嵌入式 WiFi 和文件系统 μC/FS。这些是其他书籍涉及不多的。精彩的部分是书中的附录，详细解释了 μC/OS-III 移植到 ARM Cortex-M3 的全过程，μC/OS-III 针对 ARM Cortex-M3 架构的移植代码说明和 μC/Probe 的使用介绍，这是 μC/OS-III 书籍中涉及移植部分最严谨和最具权威性的内容。

本书参考的硬件是原书指定的 STM32F107 评估板，中国版略有修改已经上市，书中的应用实例指定采用 IAR EW ARM 编译器、汇编器、链接器和调试器开发工具，这就使读者能够很方便地体验 μC/OS-III，从而精通 μC/OS-III 的使用。

本书的读者是嵌入式 RTOS 爱好者和 STM32 初学者以及电子设计的工程师们，也可作为高等院校本科生和研究生嵌入式系统和单片机类课程的教材。

图书在版编目(CIP)数据

嵌入式实时操作系统 μC/OS-III 应用开发：基于 STM32 微控制器 /(美)拉伯罗斯著；何小庆，张爱华译 . -- 北京：北京航空航天大学出版社，2012.11

书名：μC/OS-III，The Real-Time Kernel for the STM32 ARM Cortex-M3

ISBN 978-7-5124-0987-3

Ⅰ. ①嵌… Ⅱ. ①拉… ②何… ③张… Ⅲ. ①实时操作系统 Ⅳ. ①TP316.2

中国版本图书馆 CIP 数据核字(2012)第 242235 号

英文原名：μC/OS-III，The Real-Time Kernel for the STM32 ARM Cortex-M3
Copyright © 2011 by Micriμm Press.
Translation Copyright © 2012 by Beijing University of Aeronautics and Astronautics Press.
All rights reserved.

本书中文简体字版由美国 Micriμm 出版社授权北京航空航天大学出版社在中华人民共和国境内独家出版发行。版权所有。

北京市版权局著作权合同登记号　图字：01-2012-0408 号

嵌入式实时操作系统 μC/OS-III 应用开发
——基于 STM32 微控制器
μC/OS-III，The Real-Time Kernel for the STM32 ARM Cortex-M3

[美]Jean J. Labrosse　著

何小庆　张爱华　译

责任编辑　王静竞

*

北京航空航天大学出版社出版发行

北京市海淀区学院路 37 号(邮编 100191)　http://www.buaapress.com.cn
发行部电话：(010)82317024　传真：(010)82328026
读者信箱：emsbook@gmail.com　邮购电话：(010)82316936
涿州市新华印刷有限公司印装　各地书店经销

*

开本：710×1000　1/16　印张：11.75　字数：224 千字
2012 年 11 月第 1 版　2022 年 1 月第 5 次印刷　印数：9 501～10 500 册
ISBN 978-7-5124-0987-3　定价：29.00 元

译者序

  本译作的原书《μC/OS‐Ⅲ，The Real‐Time Kernel for the STM32 ARM Cortex‐M3》大约在 2009 年底的时候在美国出版。出版不久，清华大学邵贝贝教授把这个信息给了我和北京航空航天大学出版社胡晓柏主任。结果我们被两个问题难住了，一是作者 Jean J. Labrosse 希望书和板子在中国也是和他们在美国一样捆绑销售，这个要求是我们国内的出版社无法做到的；二是我们自己对于市场的顾虑，因为在那个时候，μC/OS‐Ⅲ 不是像以前的 μC/OS‐Ⅱ 一样，虽然商业应用是要得到授权和收费的（见附录 G），但还是开放源代码的软件，而且对于教育是完全免费的。针对《μC/OS‐Ⅲ，The Real‐Time Kernel for the STM32 ARM Cortex‐M3》和其他 MCU 的图书，Microμm 公司和作者只是提供 μC/OS‐Ⅲ 目标代码的版本。我们担心，中国的用户是否能够接受这个变化。

  一晃到了 2011 年 7 月，我看到了 μC/OS‐Ⅲ 已经开放源代码的信息，再查看 www.amazon.com，发现 μC/OS‐Ⅲ 图书已经分成单独发行的书和与 Microμm μC/Eval‐STM32F107 评估板绑定的套装两个版本销售。我感觉在中国出版的机会基本成熟了。我与 Jean 谈了两个月，他同意在中国出版。因为源代码开放之后，原书的部分章节需要重新修改，新的修订版本原书《μC/OS‐Ⅲ，The Real‐Time Kernel for the STM32 ARM Cortex‐M3》到了 10 月底我才拿到。新版增加了 50 多页，主要增加了源代码开放后移植部分的说明，而且 Jean 也没有坚持绑定开发板的要求。在 Microμm、意法半导体有限公司大华区和上海庆科信息技术公司的配合下，Microμm μC/Eval‐STM32F107 评估板的中国版本由北京麦克泰软件技术公司顺利发布。

  原书分为 2 个部分，第 1 部分是 μC/OS‐Ⅲ——The Real‐Time Kernel，第 2 部分是 μC/OS‐Ⅲ and the STMicroelectronics STM32F107。经过多方面协调确定中文版分为两本书，也就是现在的《嵌入式实时操作系统 μC/OS‐Ⅲ》（由

宫辉、曾鸣、龚光华、杜强和黄土琛译,邵贝贝审校)和本书《嵌入式操作系统 µC/OS‐III 应用开发——基于 STM32 微控制器》。前者主要是介绍 µC/OS‐III 的原理、编程接口和配置,与具体的 MCU 无关;后者是介绍 µC/OS‐III 在 Cortex‐M3 和 STM32 上的移植,应用实例,µC/OS‐III 的开发,基于 µC/Probe 的测试过程和 µC/Eval‐STM32F107 评估板的介绍。这样安排为未来几本基于其他几家公司 MCU 的 µC/OS‐III 图书出版做好了铺垫准备。

回想起来,我认识 Jean 是在 2000 年左右。2003 年 1 月,我们在加拿大的蒙特利尔见了面。当时我正好在纽约参加 Linuxworld 大会,从纽瓦克机场直接飞到蒙特利尔。那时的蒙特利尔一片冰天雪地,Jean 和 Chrisian Legare 很热情地邀请我到他们的办公室,介绍他们公司(Micriµm)和 µC/OS‐II 产品,并请我在当地特色饭店吃了晚餐。Jean 是 RTOS 的专家,Christan 是通信方面的专家,后来写了《嵌入式协议栈 µC/TCP‐IP》一书,我也有幸参加中文版编辑工作。此次,这本书也会与我们的两本 µC/OS‐III 图书一同出版。借此,我很感谢北京邮电大学计算机学院邝坚副院长,他很爽快地接受了书本的翻译工作。因为我感觉他是最合适的人选,对于嵌入式系统和通信协议都很熟悉。与 Jean 的见面和交流对于我认识了解 RTOS、MCU 的技术和市场有很大帮助,这些经历在我的《我与单片机和嵌入式系统 20 年》一文中已经做了详细的叙述,这里就不赘言了。

本书的第 1、2 章和附录 C、D、F、G 由何小庆翻译;第 3～7 章和附录 A、B 和 E 由张爱华翻译,她有多年应用及支持 µC/OS‐II 和 III 的相关经验;第 8 章由徐炜撰写;第 9 章和第 10 章由张爱华和姜桥撰写。第 8～10 章是应出版社要求针对原书的补充和丰富。全书由何小庆审阅。本书编写中得到了北京麦克泰软件技术公司尹立杰先生的帮助。与本书配套的中国版 µC/Eval‐STM32F107 评估板的设计和生产,得到了意法半导体中国研究中心梁平经理、意法半导体大中华区市场经理曹锦东、上海庆科信息公司王永虹先生和华东师范大学沈建华教授的支持和帮助,在此一并致谢。过去几年我虽然写了不少文章,也有 20 多年的嵌入式操作系统应用经验,但是总共只有 2 个多月的翻译、校对和编辑时间,的确非常仓促,如遇错误之处欢迎指正,我的电子邮件地址是 allan. hexq@gmail.com。

何小庆
2012 年 8 月于北京

目　录

第**1**章

简 介

本书是《嵌入式实时操作系统 μC/OS – III》的第二部分,通过使用国际流行的开放工具,一步步指导读者学习。这里你还会看到 μC/Eval – STM32F107 评估板上的例子,这块板子包含了 STMicroelectronics(简称 ST,中文是意法半导体)STM32F107 可联网微控制器。

为了能够构建本书提供的代码和应用,读者需要从 IAR 网站下载一份 IAR Embedded Workench kickstart(初学者)版本,它允许构建一个代码最大是 32 KB 的应用(见本书第 3 章:准备和设置)。同时,还可以从 Micriμm 网站下载一份我们获得大奖的 μC/Probe,它可以让你在代码运行的时候监视和改变变量(见本书的第 3 章)。

STM32F107 的核心是 ARM Cortex – M3 CPU,是目前市场上流行的 CPU 核之一,运行非常高效的 ARM v7 指令集。STM32F107 运行的时钟频率最高可到达 72 MHz,包含了高性能外设,如 10/100M 以太网 MAC、全速的 USB OTG(On – The – Go)、CAN 控制器、TIMER 和 UART 等。STM32F107 还有内置的 256 KB Flash 和 64 KB 高速静态 RAM。

1.1 μC /Eval – STM32F107 评估板

μC/Eval – STM32F107 评估板的结构图如图 1 – 1 所示,主要的特性如下:

➢ 低成本
➢ 基于 STM32F107 的微控制器
➢ 以太网控制权

➢ 板上的 J - Tag 调试
➢ SD 卡插座
➢ USB - OTG 连接器
➢ RS - 232C 母连接器
➢ 温度传感器
➢ LED
➢ 扩展连接器
➢ 原型机区域

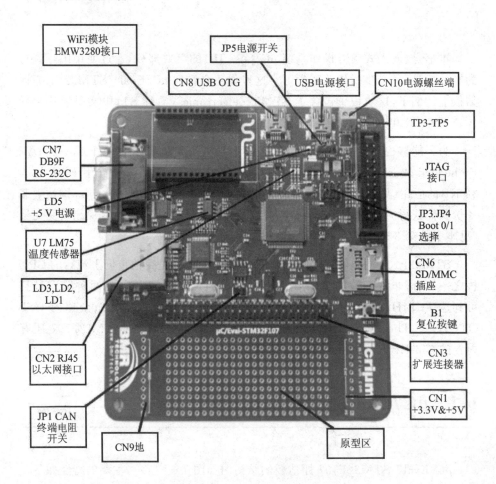

图 1 - 1　μC/Eval - STM32F107 评估板

【译者注】 中国版的 μC/Eval-STM32F107 评估板只有 JTAG 连接线接口,原版是板上内置 SWB 接口。

STM32107 能够运行一个完整的 TCP/IP 协议,比如 Micriμm μC/TCP-IP,这是一个商用的高质量协议软件。这样应用可以与其他设备联网,同样还可以接入互联网。μC/TCP-IP 已经在 μC/Eval-STM32F107 评估板进行了测试,实测的数据是:TCP 的传输率,接收 25 Mbps,发送 30 Mbps;UDP 的传输率,接收 50 Mbps,发送 50 Mbps。μC/TCP-IP 应用层协议包括:DHCP client(功能是获得一个 IP 地址)、FTP client/server、HTTP server(比如一个 web server)、SMTP client(功能是发送 E-mails)和 POP3 client(功能是接收 E-mails)等。

STM32F107 还可以运行 USB On-The-Go 协议,比如 Micriμm μC/USB-Devices,μC/USB-HOST,μC/USB-OTG。STM32F107 USB 控制器是一个全速的设备,传输速率可达到 12 Mbps。μC/Eval-STM32F107 评估板既可以用作 USB device 还可以用作 USB host。做为 USB device,评估板可以是人机接口设备(HID),或者主存设备(MSD)。尤其是加上板上的 SD 卡,μC/Eval-STM32F107 评估板可以作为 PC 的一个磁盘外设。作为 USB Host,μC/Eval-STM32F107 评估板支持 U 盘的数据储存和恢复。

板上的 SD 连接器,让用户可以运行文件系统,比如 μC/FS,用以在 SD 上保存内容和读取 SD 上的内容。SD 卡还可以用来保存数据记录,这些记录可以通过 PC 的 USB device MSD 类,或者 FTP Client(FTP 用户端)访问。

RS-232C 连接器可以让一个应用输出信息到一个终端上(或者终端仿真)。RS-232C 接口还可以支持 μC/Probe,比板子的 J-link 连接更快地传输数据。当然这个时候,板子上的目标代码处于运行状态。

附录 E 包含了 μC/Eval-STM32F107 评估板完整的电路图。

1.2 本书的章节内容

图 1-2 所示为本书的布局和流程,这对于理解本书的各章节和附录之间的关系非常有帮助。左边第一列是 μC/OS-III 结构和例子,中间是 μC/OS-III

移植到 ARM Cortex-M3 CPU 的信息部分,右边是各种附录。

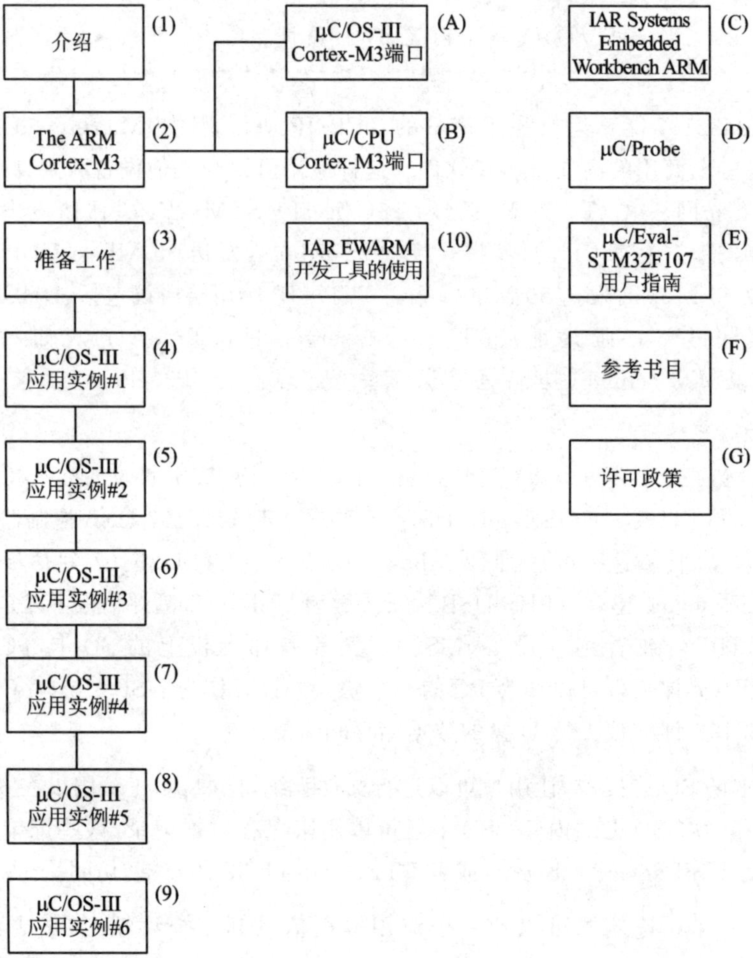

介绍 (1)	μC/OS-III Cortex-M3端口 (A)	IAR Systems Embedded Workbench ARM (C)
The ARM Cortex-M3 (2)	μC/CPU Cortex-M3端口 (B)	μC/Probe (D)
准备工作 (3)	IAR EWARM 开发工具的使用 (10)	μC/Eval-STM32F107 用户指南 (E)
μC/OS-III 应用实例#1 (4)		参考书目 (F)
μC/OS-III 应用实例#2 (5)		许可政策 (G)
μC/OS-III 应用实例#3 (6)		
μC/OS-III 应用实例#4 (7)		
μC/OS-III 应用实例#5 (8)		
μC/OS-III 应用实例#6 (9)		

图 1-2 本书内容布局安排

第1章:介绍本章。

第2章:简要介绍 ARM Cortex-M3 CPU。

第3章:准备工作。本章叙述了从准备测试环境到运行 μC/OS-III 例子的过程。叙述了下载一个 32 KB Kickstart 版本 IAR Embedded Workbench ARM 工具链,如何得到本书附带的例子,以及如何将 PC 与 μC/Eval-STM32F107 评估板连接起来的过程。

第4章:应用实例 1。本章叙述了如何让 μC/OS-III 启动和运行起来。例

子简单地让 μC/Eval－STM32F107 评估板的 LED 灯闪动,还可以看到,使用 μC/Probe 观察目标板的数据变化是很方便和容易的。

第 5 章:应用实例 2。本章叙述了如何读板上的 LM75 温度传感器,并且使用 μC/Probe 显示当前的数据。

第 6 章:应用实例 3。本章叙述了如何测量选定的 μC/OS－Ⅲ 性能参数,并使用 μC/Probe 观察实时信息。

第 7 章:应用实例 4。本章叙述了如何使用 μC/OS－Ⅲ 仿真测量一个旋转轮的 RPM。

第 8 章:应用实例 5。本章叙述了 μC/FS 文件系统的结构和驱动,以及如何在 μC/OS－Ⅲ 环境下构建支持 SD 卡读写的 μC/FS 应用。

第 9 章:应用实例 6。本章叙述了在 μC/OS－Ⅲ 环境下,配合 EMW WiFi 模块实现 WiFi 应用。

第 10 章:IAR EWARM 开发工具的使用。本章详细介绍了如何使用 EWARM 集成开发环境调试应用代码。

附录 A:μC/OS－Ⅲ 移植到 Cortex－M3。本附录解释了 μC/OS－Ⅲ 如何适配到 Cortex－M3 CPU 上。Cortex－M3 包含了针对实时内核非常有意义的特性,μC/OS－Ⅲ 非常好地使用了这些特性。

附录 B:μC/CPU 移植到 Cortex－M3。本附录叙述了 μC/CPU 如何适配到 Cortex－M3 CPU 上。

附录 C:本附录提供了 IAR Embedded Workbench ARM 的简单介绍。

附录 D:本附录提供了 Microμm 获得大奖的 μC/Probe 产品的简单介绍,它让用户可以很方便地修改和显示目标系统变量的实时变化。

附录 E:μC/Eval－STM32F107 评估板用户指南。本附录提供了 μC/Eval－STM32F107 评估板的简单介绍,还有一份完整的电子线路图。

附录 F:参考书目。

附录 G:授权政策。

1.3　作者致谢

我要感谢 ST 公司 Mr. Dominique Jugnon 和 Mr. Olivier Brun。他们的优秀团队设计了 μC/Eval - STM32F107 评估板,并撰写了用户指南。

我要感谢 IAR 公司的支持,他们让我们可以使用 32 KB Kickstart 版本的 IAR Embedded Workbench ARM (EWARM)。我非常肯定的是,EWARM 是一个很酷的工具,读者一定会很喜欢在 μC/Eval - STM32F107 评估板上使用 EWARM 运行 μC/OS - III。

特别感谢 Mr. Rolf Segger,他提供了板上的 J - link,使得调试和通过 μC/Probe 访问变量变得轻而易举。

还有感谢 Hitex 提供第 2 章 ARM Cortex - M3 和 STM32 大部分文本。

最后,我还要感谢 Micriμm 公司,感谢这个伟大的团队对这个项目的支持和帮助。

第 2 章

ARM Cortex - M3 和 STM32

ARM Cortex - M3 系列是新一代处理器,提供一个适应广泛技术需求的、标准的架构。与其他的 ARM CPU 不一样,Cortex 是一个完整处理器核,提供标准的 CPU 和系统架构,面向低成本和微控制器(MCU)应用。

本章提供一个简要介绍,其他的参考资料见参考书目部分。

ARM7 和 ARM9 已经成功集成到微控制器里面,这显示出它们成功的 SoC 遗传基因。每个特定的芯片制造商都会设计自己的中断处理。然而,Cortex - M3 提供一个标准的微控制器核,其功能远远超过一般的 CPU,有更加完整的微处理器核心(包括中断、系统时钟节拍、调试和内存映像)。Cortex - M3 4 GB 的地址空间分成代码、SRAM、外设和系统外设 4 个部分。与 ARM7 不同,Cortex - M3 是哈佛架构,具有多个总线,允许执行并行操作,提高整体性能。不同于早期的 ARM 架构,Cortex 家族允许未对齐的数据访问,这保证了对内部 SRAM 更高效率的使用。Cortex 家族还支持使用一种称为位绑定(bit banding)的方法,在 2 个 1 MB 的存储器里对位进行设置和清除操作。这样的好处是可以更有效地访问位于 SDRAM 存储器的外设寄存器和标识,而不需要一个完整的布尔处理器。

Cortex - M3 内核的一个关键部件是嵌套向量中断控制器(NVIC)。NVIC 为所有的 Cortex 微控制器提供一个标准的中断架构和异常中断处理。NVIC 可以为最多 240 个外设源提供唯一的中断向量,这样每个外设源都可以单独优先。在背对背(back - to - back)中断情况下,NVIC 使用尾链(Tail chaining)的方法让连续中断服务的开销降至最小。在中断堆栈的阶段,高优先级中断可以抢占低优先级中断,不需要额外的 CPU 时钟周期。在 Cortex - M3 核心里,这样的中断结构与低功耗模式是耦合在一起的。

尽管 Cortex - M3 是按照一款低功耗内核设计的,它依然是一个 32 位的

CPU，而且支持两种操作模式：线程模式（Thread Mode）和处理模式（Handle Mode），两种方式都可以配置自己的堆栈。这给复杂的软件设计和实时内核，比如 μC/OS‐Ⅱ 和 μC/OS‐Ⅲ 更大的便利性。Cortex‐M3 还有一个 24 位的自动加载定时器（Auto reload timer），为内核提供一个定时的中断。ARM7 和 ARM9 CPU 有两种指令集（ARM 3‐bit 和 Thumb 16‐bit），而 Cortex 家族的设计支持 ARM Thumb‐2 指令，混合了 32 位和 16 位指令集。Cortex 提供 ARM 32‐bit 指令集的高性能和 Thumb 16‐bit 指令集的高代码密度。

Thumb‐2 是一个丰富的指令集，面向 C/C++ 编辑器，也就是说，Cortex 的应用完全可以用 C 写。

2.1 Cortex CPU

Cortex CPU 是一个 32 位 RISC CPU，有一个简化版本的 ARM7/9 的编程模式，更包含一个丰富的指令集：整数运算、位操作和硬实时性能。

Cortex CPU 执行多数指令是一个指令周期，是用三级流水线实现的。

Cortex CPU 是 RISC 处理器，有加载和存储架构。为了完成数据处理指令，操作必须加载到 CPU 寄存器，数据操作必须在这些寄存器中完成，结果保存回存储器中。因此，程序的动作都专注在寄存器上。

如图 2‐1 所示，CPU 寄存器包含了 16 个 32 位的寄存器，寄存器 R0～R12 可以用来保存变量或者地址，寄存器 R13～R15 在 Cortex CPU 里面有特殊的功能。R13 寄存器是堆栈指针。寄存器是分块的，这样 Cortex CPU 有两个操作模式，每个都有自己的堆栈空间。Cortex CPU 有两个堆栈，一个是主堆栈（ISR 堆栈）一个是进程堆栈（任务堆栈）。下个寄存器是 R14（称为链接寄存器），用来存储调用一个函数后返回的地址指针，这样 Cortex CPU 可以更快地进入一个函数，也可以更快地从一个函数中返回。如果代码调用了几级子程序，编译器自动将 R14 保存到堆栈中。最后一个寄存器 R15 是程序计数器，因为 R15 是 CPU 寄存器的一部分，可以像其他的寄存器一样进行读写操作。

2.1.1 程序状态寄存器

除了 CPU 寄存器外，还有一个寄存器称为程序状态寄存器（PSR）。PSR 不

32位
R0
R1
R2
R3
R4
R5
R6
R7
R8
R9
R10
R11
R12
R13(SP)
R14(LR)
R15(PC)
R13(SP)
PSR

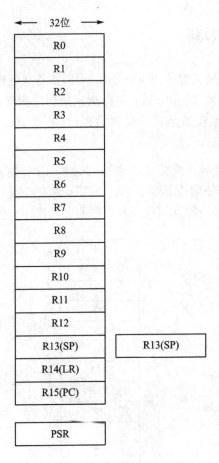

图 2－1　Cortex－M3 CPU 寄存器

是主 CPU 的一部分，只能通过两个专用指令访问。PSR 包含了一些影响 CPU 执行的状态位，如图 2－2 所示。详细信息见 Cortex－M3 技术参考手册（*Cortex－M3 Technical Reference Manual*）。

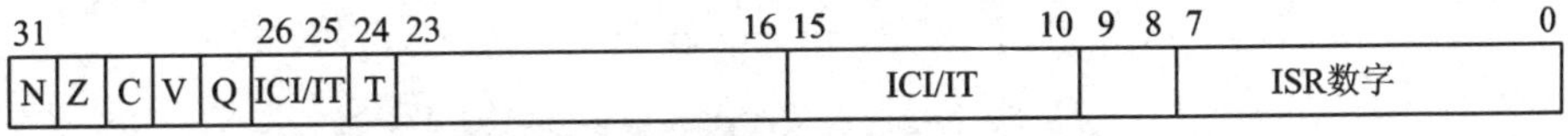

31
26 25 24 23
16 15
10 9 8 7
0
N
Z
C
V
Q
ICI/IT
T
ICI/IT
ISR数字

图 2－2　Cortex－M3 PSR 寄存器

虽然多数的 Thurmb－2 指令是单周期，但是还是有部分指令是多周期，比如加载和存储指令。为了让 Cortex CPU 具备确定的中断响应时间，这些指令是允许中断的。

2.1.2　堆栈和中断

　　任务执行在线程模式时使用进程堆栈,中断执行在处理模式时使用主堆栈。当一个异常发生的时候,任务的上下文自动保护到进程堆栈里面,于是,处理器进入处理模式,把主堆栈激活。从异常返回,任务上下文恢复,重新回到线程模式。

　　图 2-3 显示了当异常发生或者中断的时候,CPU 寄存器的排列顺序。软件仅仅需要保存和恢复寄存器 R4～R11(如果有必要可以在中断处理程序里做)。其他的寄存器是硬件在接收一个中断的时候能够自动保存的。

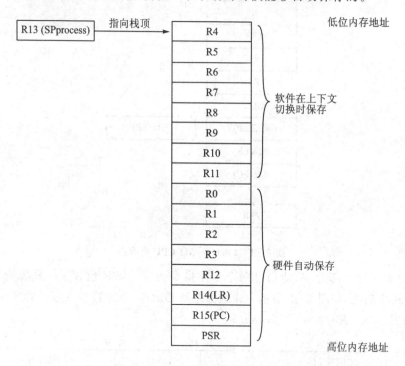

图 2-3　Cortex-M3 寄存器排列顺序

2.2　嵌套向量的中断控制器

　　Cortex-M3 不仅仅是一个 CPU 核(算术逻辑单元、控制逻辑、数据接口和指令编码等)还集成了几个外设,最重要一个就是嵌套向量中断控制器(NVIC，Nested Vectored Interrupt Controller),它的设计提供了更短的延迟、更高的效率和可配置性。

NVIC 自动保存了半数以上的 CPU 寄存器,当中断退出时,又恢复它们,这样的结果是中断处理更加有效率了。此外,背对背(back - to - back)的中断处理不需要保存和恢复寄存器(因为没有必要),这也称为尾链(Tail - chaining)。

NVIC 提供带有动态优先级安排的 8～256 个中断优先级,NVIC 还有能力处理 1～240 个外部中断源。

NVIC 是 Cortex CPU 核中的一个标准单元,这也意味者,无论芯片制造商是哪家,所有的 Cortex 微控制器都有相同的中断处理架构,这样应用代码和操作系统可以很容易的从一种微控制器移植到另外一种,程序员不必学习一种新的寄存器。NVIC 的设计是面向非常短的中断延迟,这即是 NVIC 本身的特点,也是 Thumb - 2 指令集的特点,它允许像加载和恢复这样多指令周期的指令可以被中断。

NVIC 外设让 Cortex - M3 处理器直接移植变得很容易,这点对于 μC/OS - III 特别重要。

2.3　异常向量表

Cortex 向量表是从地址空间的底部开始的,但不是开始于 0,向量表起始地址是 0x00000004,前 4 个字节是用来存储堆栈指针的起始地址,向量表如表 2 - 1 所列。

表 2 - 1　Cortex - M3 异常表

序　号	类　型	优先级	优先级类型	备　注
1	复位	－3	固定	复位
2	NMI	－2	固定	不可屏蔽的中断
3	硬故障	－1	固定	不能及时响应的故障统一归结为硬故障
4	内存管理故障	0	可设置	MPU 违反访问规范

续表 2 - 1

序 号	类 型	优先级	优先级类型	备 注
5	总线故障	1	可设置	AHB 错误时产生的故障
6	使用故障	2	可设置	程序错误、异常
7~10	保留	—		
11	SV Call	3	可设置	系统服务调用
12	调试监控	4	可设置	断点、监测点或是外部调试
13	保留	—		
14	PendSV	5	可设置	可挂起请求
15	SysTick	6	可设置	系统节拍定时器
16	中断 #0	7	可设置	外部中断 #0
:	:	:	可设置	:
:	:	:	可设置	:
256	中断 #240	247	可设置	外部中断 #240

  每个中断向量的入口是 4 个字节宽度并保留了与中断相关的服务程序的起始地址。前面 15 个入口是在 Cortex 内核里发生的异常处理,它们包括了复位向量、非屏蔽中断、故障和错误管理、调试异常和 SysTick 定时器中断。Thurmb - 2 指令集还包括了一个系统服务调用(System Call Service)指令,它执行的时候产生一个异常。用户外设中断从入口 16 开始,连接到芯片制造商定义的外设上。在软件中,向量表是在启动时候设置好的,在存储器的起始位置定义好服务程序的地址。

  µC/OS - III 使用 PendSV 向量完成上下文切换(context switch),µC/OS - III 还使用 SysTick 向量完成系统时钟节拍中断。

2.4 SysTick(系统节拍)

  Cortex 内核包括一个 24 位的向下计数器(Down Counter),具备自动重加载和完成后中断的功能,称为 SysTick。SysTick 的设计是作为 RTOS 的系统时钟节拍中断,现在所有的 Cortex 处理器都有这样的功能。

  SysTick 定时器有 3 个寄存器,当前值和重载值寄存器按照计数周期初始化,控制和状态寄存器包含一个允许位(ENABLE),用以启动定时器的运行,还有一个 TICKINIT 位用来允许中断线。

　　SysTick 的外设很容易在不同的 Cortex - M3 处理器芯片之间移植,使用 μC/OS - III 就更是这样了。

2.5　存储器映像

　　与以前的 ARM 处理器不同,Cortex - M3 处理器采用固定的存储器映像,如图 2 - 4 所示。

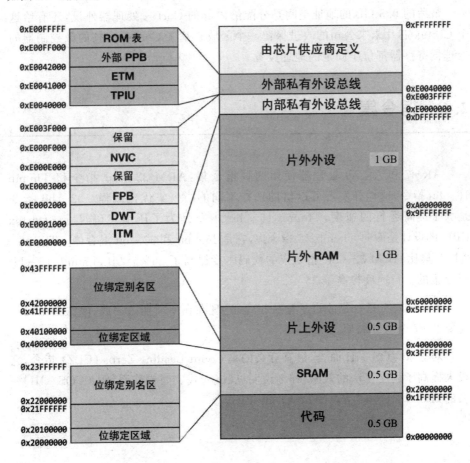

图 2 - 4　Cortex - M3 存储器映像

第一个 1 GB 存储空间分为代码和 SRAM 区,虽然代码是可以载入到 SRAM 中执行,指令还是会占用系统总线,它会用去一个外部的等待周期。所以说,从 SRAM 运行代码要比从定位在代码区的片上的 Flash 存储器中运行要慢。接下来的 0.5 GB 的存储器空间是片上外设区,微控制器芯片公司提供的所有外设都定位在这个区。

SRAM 和外设区的最初 1 MB 空间,都是位绑定区,使用了一种称为 bit‐banding 技术,因为处理器所有的 SRAM 和外设都定位在这个区,每个处理器定位的存储器都可以依自己的习惯按字长或者位元的方式操纵。

接下来的 2 GB 的地址空间可以分配给外部存储器映像的 SRAM 和外设。

最后的 0.5 GB 的地址空间是分配给内部的 Cortex 处理器外设,还有给这个 Cortex 芯片未来公司的改进保留一个区域。基于 Cortex 内核的微控制器的处理器寄存器都位于固定的地址位置。

2.6 指令集

ARM7 和 ARM9 处理器使用两种指令集:ARM 32‐bit 指令和 Thumb 16‐bit 指令,这样开发者可以借助选择不同的指令集优化编程。32‐bit 指令是为了提高运行的速度,Thumb 16‐bit 指令是为了压缩代码尺寸。Cortex CPU 的设计是面向 Thumb‐2 指令集,它是 16‐bit 和 32‐bit 混合体。Thumb‐2 指令集比 ARM 32‐bit 指令集的代码密度提高了 26%,又比 Thumb 16‐bit 指令集的执行速度提高了 25%。

Thumb‐2 指令集改进了乘法指令,它现在在单周期内完成,除法指令大约需要 2~7 个时钟周期。

对于 μC/OS‐Ⅲ 而言,最有意义的是 Count Leading Zeros (CLZ) 指令,它极大提高了调度算法的效率,详细说明见《嵌入式实时操作系统 μC/OS‐Ⅲ》一书的第 6 章"任务就绪表(The Ready List)"。

2.7　调试特性

Cortex 核有一个称为 CoreSight 的调试系统,如图 2 - 5 所示。全部的 CoreSight 调试系统有一个调试访问接口(Debugger Access Port),它支持通过一个 JTAG 工具连接一个微控制器,调试工具连接时通过一个标准的 5 针的 JTAG 接口,或者一个串行的 2 线接口。

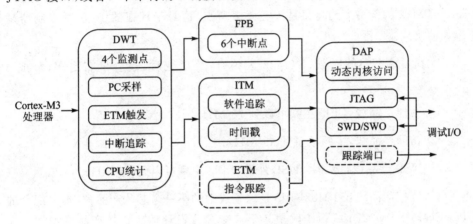

图 2 - 5　CoreSight 调试系统

除了 JTAG 调试功能外,完整的 CoreSight 调试系统包含了数据观测跟踪器(DWT,Data Watch Trace)和嵌入式跟踪宏单元(ETM,Embedded Trace Macrocell)。针对软件测试,还有仪表跟踪宏单元(ITM,Instrumentation Trace Macrocell)和 Flash 补丁模块(FPB,Flash Patch Block)。STM32 微控制器实现了 CoreSight 调试系统,但是没有支持 ETM。

CoreSight 调试系统提供 8 个硬件断点,它支持在 Cortex CPU 执行的时候,清除和非侵入设置断点。数据观测跟踪器支持 Cortex CPU 执行的时候,定位在非侵入区域的内容。CoreSight 调试系统能在 Cortex 内核进入低功耗或者睡眠状态(Sleep Mode)的时候,仍然保持激活状态。调试低功耗的应用与一般的应用是完全不同的。STM32 的定时器可以在 CoreSight 调试系统暂停(Halt)了 CPU 的时候,暂时停止工作,这样便可单步执行代码,并保持 Cortex CPU 执行的指令与定时器同步。

数据观测跟踪器模块,还包括了一个 32 位的周期计数器(cycle counter),

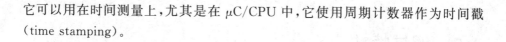

它可以用在时间测量上,尤其是在 μC/CPU 中,它使用周期计数器作为时间戳(time stamping)。

2.8　意法半导体的 STM32

意法半导体(STMicroelectronics,简称 ST)已经有基于 ARM7/ARM9 的微控制器。然而,发展 STM32 是追随性价比曲线的重要一步。如果有一定的量,STM32 的价格大约是只是 1 美元多一点,这对于现在的 16 位微控制器是很大的挑战。

在我写这本书的时候,STM32 大约有 75 个变种,还会发布更多,分成 4 大类。

① 性能产品线,CPU 主频可以到 75 MHz。

② 访问产品线,主频最多到 36 MHz。

③ USB 产品线,增加了 USB 外设,CPU 主频可以到 48 MHz。

④ 连接产品线,STM32F107 是这条线上的第一个芯片产品,与本书配套的 μC/Eval - STM32F107 板子就是基于这颗芯片设计的。连接产品线增加了先进的通信外设,包括以太网的 MAC、USB Host/OTG 控制器。所有系列的芯片变种都是引脚和软件兼容,并提供片上 512 KB Flash 和 64 KB SRAM 的存储器。STM32 的新产品已经计划扩充支持更大的 SRAM、Flash 存储器和更复杂的外设。

STM32 是一个典型的微控制器,带有外设,比如双 ADC、通用的定时器、I^2C、SPI、CAN、USB 和一个实时时钟。每个外设的功能都非常丰富,比如 12 位的 ADC 集成了温度传感器并有多种转化模式,双 ADC 的设备能作为从设备,支持至多 9 个模式。4 个计数器,每个都有 4 个捕获比较单元,每个定时模块可以与另一个组合成一个精美的定时器阵列。一个先进的定时器带有 6 个可编程的 PWM 输出,支持马达电机控制,一个制动输入可以迫使 PWM 信号可预编程为安全状态。SPI 外设有一个 CRC 发生器,支持 8/16 位 SD/MMC 卡接口。

虽然 STM32 是一个微控制器,它还包含一个最多有 12 通道的 DMA 单元,每个通道都能提供 8/16 位或者 32 位字长从内存到外设之间的数据传输。每个外设都可以是一个 DMA 的流控制器,按照需要发送和申请数据。一个内部的总线仲裁器和总线矩阵,可用来最大限度地减少 CPU 数据访问和 DMA 通道之间的仲裁。这意味者,DMA 是个非常灵活的单元,容易使用,在 CPU 内部是自动的数据流。

STM32 是一个低功耗和高性能的微控制器,它操作在 2 V,72 MHz,外设打开全速工作状态下,功耗只有 36 mA。如果结合了 Cortex 低功耗模式,STM32 待机模式的功耗只有 2 μA。当外部的振荡器启动的时候,内部的一个 8 MHz的 RC 振荡器让处理器从低功耗模式退出来,这样的快速进入和退出技术,将来可以帮助我们大大降低整个系统的功耗。

同样,还有要求更多的处理能力和更先进的外围设备的应用。许多现代应用程序必须运行在安全至关重要的环境中。考虑到这一点,STM32 具备一系列硬件的特性帮助支持高集成度的应用,包括了低电压监测、时钟安全系统和两个分开的看门狗(watchdog)。第一个是窗口看门狗,在定义的时间内必须刷新它,如果敲击它太早或者太迟,都会触发看门狗。第二个是一个独立的看门狗,它有一个从主系统时钟分频出来的外部振荡器,时钟安全系统可以监测到主外部时钟,如果失败了,系统安全的回到内部的 8 MHz RC 振荡器时钟下工作。

【译者注】　截止到 2012 年 1 月,ST 已经陆续推出了 9 大系列,超过 250 种产品型号。
➤ STM32 F1 系列:超值型产品(STM32F100)
➤ STM32 F1 系列:基本型产品(STM32F101)
➤ STM32 F1 系列:USB 基本型产品(STM32F102)
➤ STM32 F1 系列:增强型产品(STM32F103)
➤ STM32 F1 系列:互联型产品(STM32F105/107)
➤ STM32 F2 系列:高性能产品(STM32F205/215/207/217)
➤ STM32 F4 系列:具 DSP 功能的高性能产品(STM32F405/415/407/417)
➤ STM32 L1 系列:超低功耗型产品(STM32F151/152)
➤ STM32 W 系列:2.4 GHz 射频产品(STM32W108)

第3章

准备和设置

本章将学习如何设置基于 μC/OS‐Ⅲ 项目的运行环境。

工作环境如下：

（1）运行 Windows XP、Windows Vista 或 Windows 7 系统的 PC
（2）μC/Eval‐STM32F107 评估板
（3）USB 电缆
（4）J‐Link

μC/Eval‐STM32F107 评估板与 PC 的连接框图如图 3‐1 所示。μC/Eval‐STM32F107 通过 PC 的 USB 端口供电；调试时，通过 J‐Link（需单独购买）下载代码到开发板。

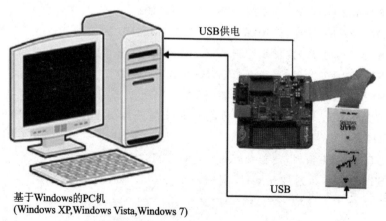

USB供电

USB

基于Windows的PC机
(Windows XP,Windows Vista,Windows 7)

图 3‐1　连接 μC/Eval‐STM32F107 与 PC

在安装软件之前，不要连接 PC 与 J‐Link 及 μC/Eval‐STM32F107 开发板。

要运行本书提供的例程，还需要通过 Internet 下载下列文件：

（1）基于 μC/Eval - STM32F107 的 μC/OS - III 例程

（2）μC/Probe

（3）IAR Embedded Workbench for ARM Kickstart 版

本章后续将详细介绍如何下载这些资源。

3.1　下载针对本书的 μC/OS - III 项目

μC/Eval - STM32F107 评估板不包含光盘。工程文件需要通过 Micriμm 网站下载，确保例程是最新版本。

为了获取 μC/OS - III 及本书提供的例程，需通过浏览器访问：

www. Micrium. com/Books/Micrium - uCOS - III，下载需要注册，这意味着，用户必须提供个人信息，这些信息将被用于市场调研，及通知用户本书 μC/OS - III 应用的更新。用户的信息将被严格保密。下载可执行文件：Micrium - Book - uCOS - III - STM32F107. exe。该文件的目录结构如图 3 - 2 所示。

所有文件都位于\Micrium\Software 目录下。主要有 4 个子目录:\EvalBoards,\uC - CPU,\uC - LIB 及\uCOS - III，将在后面详细描述。

3.1.1　\EvalBoards

这是 Micriμm 放置评估板例程的标准子目录。该目录包含制造商提供的评估板相关的代码，本例中\Micrium 是 μC/Eval - STM32F107 开发板的制造商，相应的工程代码位于\uC - Eval - STM32F107 目录下。

\EvalBoards\Micrium\uC - Eval - STM32F107 子目录包含很多子目录。

\Datasheets 目录包含相关的数据手册和参考文档：

ARM - ARMv7 - ReferenceManual. pdf

ARM - CortexM3 - TechnicalReferenceManual. pdf

Micrium - uC - Eval - STM32F107 - Schematics. pdf

STLM75. pdf

STM32F105xx - STM32F107xx - Datasheet. pdf

STM32F105xx - STM32F107xx - ReferenceManual. pdf

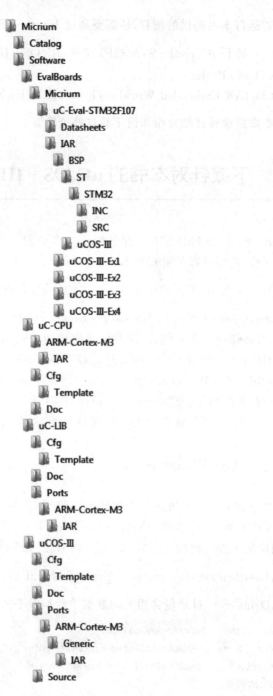

图 3 - 2　μC/OS - III 工程目录

\EvalBoards\IAR 目录主要包含 IAR IDE 工作区,该工作区包含本书提供的 3 个工程。

具体来说,文件 uC - Eval - STM32F107. eww 是在 IAR Embedded Workbench for ARM 中打开的工作区。工程文件将在后面 4 章中介绍。该目录包含 5 个子目录:

```
\BSP
\uCOS - III - Ex1
\uCOS - III - Ex2
\uCOS - III - Ex3
\uCOS - III - Ex4
```

\EvalBoards\IAR\BSP 包含 μC/Eval - STM32F107 评估板上外设的板级支持包文件。文件的内容将在相应的例程中介绍。该目录包含下列文件:

```
bsp. c
bsp. h
bsp_i2c. c
bsp_i2c. h
bsp_int. c
bsp_periph. c
bsp_ser. c
bsp_ser. h
bsp_stlm75. c
bsp_stlm75. h
STM32_FLASH. icf
STM32_Flash. xcl
STM32_RAM. xcl
\ST\STM32\inc\cortexm3_macro. h
\ST\STM32\inc\stm32f10x_ * . h
\ST\STM32\src\stm32f10x_ * . c
\uCOS - III\bsp_os. c
\uCOS - III\bsp_os. h
```

\EvalBoards\IAR\uCOS - III - Ex1 提供了一个简单的例程,演示如何正确初始化并启动基于 μC/OS - III 的应用。该工程将在第 3 章介绍。

\EvalBoards\IAR\uCOS - III - Ex2 实现了主板上温度传感器的读取,并通过 μC/Probe 显示当前温度值,该工程将在第 4 章描述。

\EvalBoards\IAR\uCOS - III - Ex3 实现了 μC/OS - III 选定的性能参数的

测量,该工程将在第 5 章描述。

\EvalBoards\IAR\uCOS‑III‑Ex4 模拟测量旋转设备。该工程将在第 6 章中描述。

3.1.2 \uC‑CPU

该目录包含 μC/CPU 模块通用文件及 Cortex‑M3 相关的文件。这些文件将在附录 B 中描述,该目录包含下列文件:

cpu_core.c

cpu_core.h

cpu_def.h

\ARM‑Cortex‑M3\IAR**cpu.h**

\ARM‑Cortex‑M3\IAR**cpu_a.asm**

\ARM‑Cortex‑M3\IAR**cpu_c.c**

\Cfg\Template**cpu_cfg.h**

\Doc**uC‑CPU‑Manual.pdf**

\Doc**uC‑CPU‑ReleaseNotes.pdf**

*.h 文件是该模块与 μC/OS‑III 配合使用时,需要添加到项目中的头文件。

3.1.3 \uC‑LIB

本目录包含编译器无关的库函数,包括处理 ASCII 字符串,执行内存复制等。我们将这些文件做为 μC/LIB 模块的一部分。lib_def.h 包含一些常量定义,如 DEF_FALSE,DEF_TRUE,DEF_ON,DEF_OFF DEF_ENABLED 和 DEF_DISABLED 等。μC/LIB 还声明了一些宏,如 DEF_MIN(),DEF_MAX() 和 DEF_ABS()等。该目录包含以下文件:

lib_ascii.c

lib_ascii.h

lib_def.h

lib_math.c

lib_math.h

lib_mem.c

lib_mem.h

lib_str.c

lib_str.h

\Doc\uC－Lib－Manual.pdf

\Doc\uC－Lib－ReleaseNotes.pdf

\Ports\ARM－Cortex－M3\IAR\lib_mem_a.asm

\Doc\uC－Lib_Manual.pdf

\Doc\uC－Lib－ReleaseNotes.pdf

＊.h 文件是该模块与 μC/OS－III 配合使用时,需要添加到项目中的头文件。

3.1.4　\uCOS－III

该目录包含下列文件:

\Cfg\Template\os_app_hooks.c

\Cfg\Template\os_app_hooks.h

\Cfg\Template\os_cfg.h

\Cfg\Template\os_cfg_app.h

\Lib\IAR\uCOS_III_CM3_IAR.a

\Ports\ARM－Cortex－M3\Generic\IAR\os_cpu_a.asm

\Ports\ARM－Cortex－M3\Generic\IAR\os_cpu_c.c

\Ports\ARM－Cortex－M3\Generic\IAR\os_cpu.h

\Source\os_cfg_app.c

\Source\os_core.c

\Source\os_dbg.c

\Source\os_flag.c

\Source\os_int.c

\Source\os_mem.c

\Source\os_msg.c

\Source\os_mutex.c

\Source\os_pend_multi.c

\Source\os_prio.c

\Source\os_q.c

\Source\os_sem.c

\Source\os_stat.c

\Source\os_task.c

\Source\os_tick.c

\Source\os_time.c

\Source\os_tmr.c

\Source\os.h

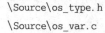

\Source\os_type.h

\Source\os_var.c

＊.h 文件需要加载到工程中。

3.2　下载 μC/Probe

μC/Probe 是基于微软 Windows 的应用软件，获得过大奖。它支持用户在运行的时候显示或者改变几乎所有内存中或嵌入式目标板上的参数。附录 D "Micriμm 的 μC/Probe"简要地介绍了该软件。

本章叙述的例程使用了 μC/Probe 获得运行时的信息。μC/Probe 有两个版本：μC/Probe 全功能版和试用版。

购买 μC/OS－III 的用户，可以免费获取 μC/Probe 全功能版，全功能版支持 J－Link、RS－232C、TCP/IP、USB 及其他接口，允许用户显示或改变任意数量的变量。

试用版没有时间限制，只允许用户显示 8 个应用变量，但它允许用户监视任意 μC/OS－III 的变量，因为 μC/Probe 可以识别 μC/OS－III。

可以通过浏览器访问 Micriμm 网站：www. Micrium. com/Books/Micrium－uCOS－III,下载所需的版本。如果没有在 Micriμm 网站注册过,你会被要求注册。下载完成后,执行相应的安装文件：Micrium－uC－Probe－Setup－Full. exe 或 Micrium－uC－Probe－Setup－Trial. exe 安装 μC/Probe。

3.3　下载 IAR Embedded Workbench for ARM

本书提供的例程基于 IAR Embedded Workbench for ARM V6. 21 开发。你可以在 IAR 网站下载 32 KB 的 Kickstart 版本。该版本允许用户构建最大32 KB 的应用程序（不包括 μC/OS－III）。IAR 安装文件约 400 MB。如果网络速度比较慢,或计划安装一个新的 Windows 系统,你可能需要通过光盘或 U 盘备份该文件。您可以通过 www. iar. com/MicriumuCOSIII 链接下载 IAR 工具（区分大小写）：

① 单击页面中央的 Download IAR Embedded Workbench >> 链接。将转到 Download Evalation Software 页面。

② 找到 ARM 处理器行的 Kickstart edition 列，单击 V6.21(32K)链接（或更新的版本）。将显示 KickStart edition of IAR Embedded Workbench 的页面。

③ 阅读此页后，单击 Continue...。

④ 您将再次被要求注册。不幸的是，您提供的 Micriμm 注册信息不会转移到 IAR，反之亦然。填写表格并单击 Submit。

⑤ 将文件保存到合适的位置。

⑥ 您将会收到 IAR 发送的 EWARM-KS32 的 License number 和 Key。

⑦ 双击可执行文件 EWARM-KS-CD-6213.exe（或更新版本的安装文件），安装到选择的磁盘驱动器根目录。

如果您已经是 IAR Embedded Workbench for ARM 的正式用户，您可以使用全功能版。

3.4 下载 STM32F107 文档

您可以通过 http://www.st.com/internet/mcu/class/1734.jsp 链接下载最新 STM32F107 的数据手册和编程手册。

表 3-1 列出了推荐从 ST 网站下载的文档。

表 3-1 推荐的 STM32F107 文档

文 档	链 接
STM32F10xxx Reference Manual	www.st.com/internet/com/TECHNICAL _ RESOURCES/TECH-NICAL_LITERATURE/ERRATA_SHEET/CD00190234.pdf
STM32F10xxx Cortex-M3 Programming Manual	http://www.st.com/internet/com/TECHNICAL _ RESOURCES/TECHNICAL _ LIT ERATURE/PROGRAMMING _ MANUAL/CD00228163.pdf
STM32F10xxx Flash Programming Manual	http://www.st.com/internet/com/TECHNICAL _ RESOURCES/TECHNICAL _ LIT ERATURE/PROGRAMMING _ MANUAL/CD00283419.pdf

第4章

μC/OS – III 应用实例 1

在本章中,将看到如何简单地实现基于 μC/OS–III 的应用。例程基于 μC/Eval–STM32F107 评估板,如图 4–1 所示。

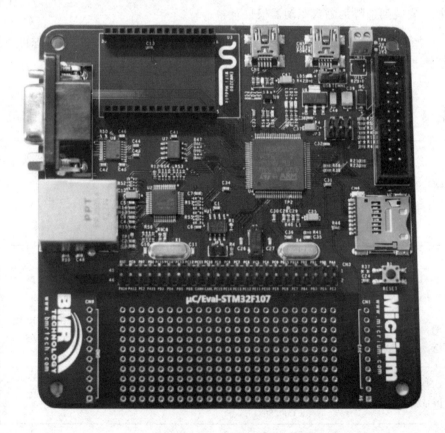

图 4–1 μC/Eval–STM32F107 评估板

第一个项目将执行经典的"灯闪烁"实验。这不能令人兴奋,但它可以让我们开始资源整合。启动 IAR Embedded Workbench for ARM,打开工作区:

\Micrium\Software\EvalBoards\Micrium\uC - Eval - STM32F107\IAR\ uC - Eval - STM32F107.eww,如图 4 - 2 所示。

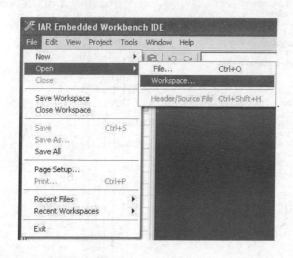

图 4 - 2　打开 uC - Eval - STM32F107.eww 工作区

单击工作区窗口底部的 uCOS - III - EX1 选项卡,选择第一个菜单项。展开的工作区如图 4 - 3 所示。工作组的方式可以整齐地管理项目。

APP 组放置例程的应用代码。在 APP 组中,你会发现 CFG(即配置)子组,该组的文件用于配置应用。后面将简略地讨论一些项目的配置。

BSP 组包含"板级支持包"的代码,操作 μC/Eval - STM32F107 板上的输入/输出(I/O)设备。在 BSP 组中,将看到 STM32 Library 子组,该组包含 ST 提供的访问 STM32F107 芯片上所有外设的代码。

uC - CPU 组包含本书所有例程使用的 μC/CPU 模块的源文件。由于一些应用程序代码需要调用这些文件中的定义和声明,所以头文件是必需的。

uC - LIB 组包含本书所有例程使用的 μC/LIB 模块的源文件。同样的,需要头文件实现一些应用程序代码所需的定义和声明。

uC - OS - III 组包含 μC/OS - III 的源文件。基于 os_cfg_app.h 的配置编译 os_cfg_app.c 和应用程序。

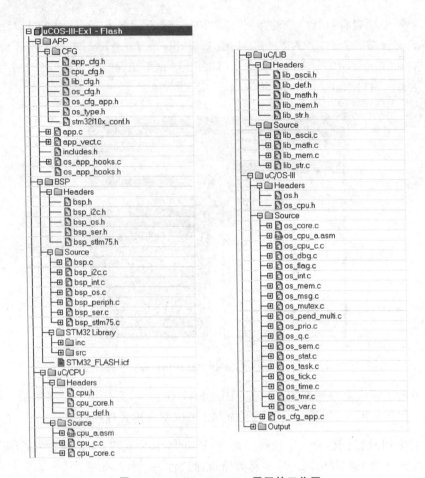

图 4 - 3　µCOS - III - Ex1 展开的工作区

4.1　运行这个项目

运行示例项目前,J - Link 一端连接到 µC/Eval - STM32F107 评估板的 CN4 上,另一端连接到 PC 的 USB 端口;USB 电缆一端连接到板卡的 CN5,另一端连接到 PC 的 USB 端口,给板卡供电。单击 IAR Embedded Workbench 工具栏右端的 Download and Debug(下载和调试)按钮,如图 4 - 4 所示。

Embedded Workbench 将编译和链接示例代码,并通过 µC/Eval - STM32F107 板外接的 J - Link 调试器,将目标代码下载到 STM32F107 的

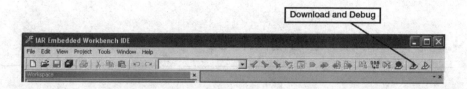

图 4-4　启动调试

Flash 中。代码开始执行,并停在 app.c 中的 main()函数处,如图 4-5 所示。

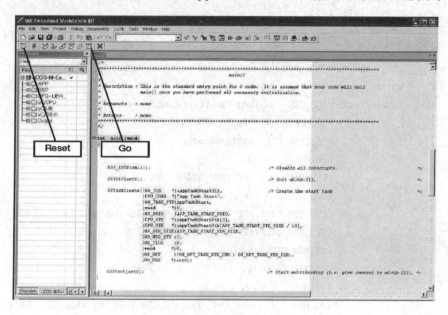

图 4-5　代码下载完后停在 main( )函数

单击调试器的 Go 按钮,代码将全速执行,板上的 3 个 LED(红色,黄色和绿色)将闪烁。

通过单击 Break 按钮停止代码执行,如图 4-6 所示。再单击 Reset 按钮(见图 4-5),可重新启动应用程序。

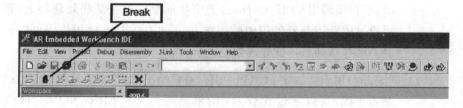

图 4-6　停止执行

4.2　实例项目是如何工作的

main()函数的代码如清单 4‐1 所示。

```
int main (void)
{
    OS_ERR err;

    BSP_IntDisAll();                                                      (1)
    OSInit(&err);                                                         (2)
    OSTaskCreate((OS_TCB    * )&AppTaskStartTCB,                          (3)
                 (CPU_CHAR   * )"App Task Start",
                 (OS_TASK_PTR )AppTaskStart,
                 (void       * )0,
                 (OS_PRIO     )APP_TASK_START_PRIO,
                 (CPU_STK    * )&AppTaskStartStk[0],
                 (CPU_STK_SIZE)APP_TASK_START_STK_SIZE/10,
                 (CPU_STK_SIZE)APP_TASK_START_STK_SIZE,
                 (OS_MSG_QTY  )5,
                 (OS_TICK     )0,
                 (void       * )0,
                 (OS_OPT      )(OS_OPT_TASK_STK_CHK | OS_OPT_TASK_STK_CLR),
                 (OS_ERR     * )&err);
    OSStart(&err);                                                        (4)
}
```

代码清单 4‐1　app.c,main()

L4‐1(1)　　main()函数中首先调用 BSP_IntDisAll()。此函数的代码在 bsp_int.c 中实现。BSP_IntDisAll()再调用 CPU_IntDis()关闭所有中断,不直接调用 CPU_IntDis()关中断的原因是在某些处理器上,必须通过中断控制器禁用中断。在 bsp.c 中关中断,应用代码可以更容易地移植到另一款处理器。

L4‐1(2)　　OSInit()用于初始化 μC/OS‐III。通常情况下,你需要验证 OSInit()是否正确,可以通过检查 err 的值是否为 OS_ERR_NONE(即值为 0)。你可以单步(step over)调试代码,执行到 OSInit()返回后停止。将鼠标停在 err 上，它将会显示变量的值。

OSInit() 创建了 4 个内部任务：空闲任务，时钟节拍任务，定时器任务和统计任务。由于 os_cfg.h 中，OS_CFG_ISR_POST_DEFERRED_EN 设定为 0，所以没有创建中断处理队列任务。

L4‑1(3)　调用 OSTaskCreate() 创建一个应用任务 AppTaskStart()。OSTaskCreate() 包含 13 个参数，关于参数的描述可参考《嵌入式实时操作系统 μC/OS‑Ⅲ》一书中的附录 A，μC/OS‑Ⅲ API 参考手册部分。

AppTaskStartTCB 是任务控制块 OS_TCB。此变量在 app.c 中 local variables 部分声明。

AppTaskStartStk[] 是 CPU_STKs 类型的数组，用来声明任务的堆栈。在 μC/OS‑Ⅲ 中，每个任务都需要单独的堆栈空间。堆栈大小在很大程度上取决于应用程序。在本例中，堆栈大小通过 app_cfg.h 中 APP_TASK_START_STK_SIZE 定义，分配了 128 个 CPU_STK 类型的元素，在 Cortex‑M3 中，相当于 512 个字节（每个 CPU_STK 项是 4 个字节，见 cpu.h），对简单的 AppTaskStart() 应用，堆栈空间足够。APP_TASK_START_PRIO 决定启动任务的优先级，在 app_cfg.h 中定义。

L4‑1(4)　OSStart() 用来启动多任务调度。加上应用程序任务，μC/OS‑Ⅲ 将管理 5 个任务。OSStart() 将启动创建的最高优先级任务。在本例中，优先级最高的任务是 AppTaskStart() 任务。OSStart() 不会返回，所以添加代码检查其返回值是明智的。

AppTaskStart() 的代码如代码清单 4‑2 所示。

```
static void AppTaskStart (void * p_arg)
{
    CPU_INT32U cpu_clk_freq;
    CPU_INT32U cnts;
    OS_ERR     err;


    (void)&p_arg;
    BSP_Init();                                          (1)
    CPU_Init();                                          (2)
    cpu_clk_freq = BSP_CPU_ClkFreq();                    (3)
```

```
    cnts        = cpu_clk_freq / (CPU_INT32U)OSCfg_TickRate_Hz;
    OS_CPU_SysTickInit(cnts);
#if OS_CFG_STAT_TASK_EN > 0u
    OSStatTaskCPUUsageInit(&err);                                    (4)
#endif
    CPU_IntDisMeasMaxCurReset();                                     (5)
    BSP_LED_Off(0);                                                  (6)
    while (DEF_TRUE) {                                               (7)
        BSP_LED_Toggle(0);                                          (8)
        OSTimeDlyHMSM(0, 0, 0, 100,                                 (9)
                    OS_OPT_TIME_HMSM_STRICT,
                    &err);
    }
}
```

代码清单 4-2   app. c, AppTaskStart()

L4-2(1)   AppTaskStart()首先调用 BSP_Init()(见 bsp. c)来初始化 μC/Eval-
          STM32F107 的外设。BSP_Init()初始化 STM32F107 的时钟源。
          μC/Eval-STM32F107 晶振运行在 25 MHz,通过配置 STM32F107
          的 PLLs(锁相环)和分频器,使得 CPU 工作在 72 MHz。

L4-2(2)   调用 CPU_Init()初始化 μC/CPU 的服务。CPU_Init()初始化测量
          中断禁止时间,时间戳,以及其他一些服务的内部变量。

L4-2(3)   初始化 Cortex-M3 的系统节拍定时器。BSP_CPU_ClkFreq()返
          回 CPU 的频率(Hz),μC/Eval-STM32F107 是 72 MHz。该值用
          来计算 Cortex-M3 系统时钟节拍定时器的重载值。计算结果传递
          给 μC/OS-III 移植代码(OS_CPU_C. C)中的 OS_CPU_SysTick-
          Init()。一旦系统时钟初始化完成,STM32F107 将以 OS_CFG_
          TICK_RATE_HZ(见 os_cfg_app. c)指定的频率接收中断,在 os_
          cfg_app. c 中,OS_CFG_TICK_RATE_HZ 被映射到 OSCfg_TickRate_
          Hz。因为系统时钟节拍以计算值 cnts 初始化,并运行到 0 时才产生
          中断,所以第一次中断发生在 1/OS_CFG_TICK_RATE_HZ 秒。

L4-2(4)   调用 OSStatTaskCPUUsageInit()来确定 CPU 的"能力"。μC/OS-
          III 将运行其内部任务 1/10 s,确定空闲任务执行次数的最大值。执
          行次数将存放在变量 OSStatTaskCtr 中。该值在 OSStat-
          TaskCPUUsageInit()返回之前保存到变量 OSStatTaskCtrMax 中。

当添加了其他任务时,可通过 OSStatTaskCtrMax 计算 CPU 的使用率。具体来说,当你在应用中添加任务时,空闲任务中 OSStatTaskCtr(每 1/10 s 复位)递增减缓,因为其他任务消耗了 CPU 的周期。CPU 使用率是由下列公式确定:

$$OSStatTaskCPUUsage(\%) = \left(100 - \frac{100 \times OSStatTaskCtr}{OSStatTaskMax}\right)$$

OSStatTaskCPUUsage 的值可以在运行时通过 μC/Probe 显示。然而,这个简单的例子几乎没有使用任何 CPU 时间,CPU 使用率接近 0。

注意,μC/OS－III V3.03.00 版中,OSStatTaskCPUUsage 范围从 0 到 10 000,表示 0.00 到 100.00%。换句话说,OSStatTaskCPUUsage 现在的分辨率为 0.01%,而不是 1%。

L4－2(5)　配置 μC/CPU 模块(见 cpu_cfg.h)来测量中断禁止时间。事实上,有两个值需要测量,所有任务的中断禁止时间和每个任务的中断禁止时间。当任务运行时,每个任务的任务控制块 OS_TCB 存储最大中断禁止时间。这些值可以在运行时通过 μC/Probe 监测。CPU_IntDisMeasMaxCurReset()初始化这个测量机制。

L4－2(6)　调用 BSP_LED_Off()(参数为 0)来关闭 μC/Eval－STM32F107 上所有用户可访问的 LED(靠近 STM32F107 的红色,黄色和绿色 LED)。

L4－2(7)　一个典型的 μC/OS－III 任务是一个无限循环。

L4－2(8)　调用 BSP_LED_Toggle()触发 3 个 LED(参数为 0)。可以更改代码,通过指定参数为 1,2 或 3 来分别触发绿色,黄色或红色 LED。

L4－2(9)　最后,任务调用等待某个事件发生的 μC/OS－III 函数。在本例中,等待的事件是时间。OSTimeDlyHMSM()指定任务延时 100 ms。由于触发了 LED,它们将以 5 Hz 的频率闪烁(间隔 100 ms)。

4.3　使用 μC/Probe 观测变量

单击 IAR C－SPY 调试器的 Go 按钮,继续执行代码。

双击 PC 上的 μC/Probe 图标,如图 4－7 所示,启动 μC/Probe。顺便提一下,该图标代表一个"盒子","眼睛"可以看到"盒子"（相当于嵌入式系统）内部。事实上,在 Micriμm 公司,我们喜欢说,"考虑在盒子外面,通过 μC/Probe 看到盒子里面"。

图 4 - 7　μC/Probe 图标

首次启动 μC/Probe 时,初始界面如图 4 - 8 所示。

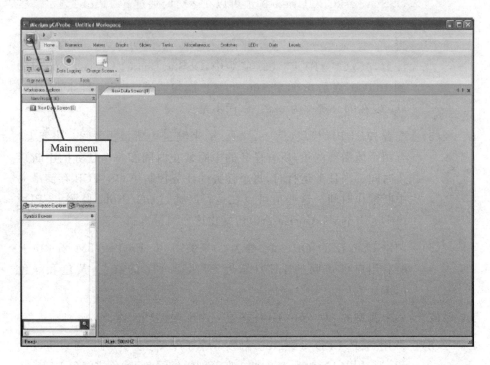

图 4 - 8　μC/Probe 启动界面

单击 Main menu,打开主菜单,如图 4 - 9 所示。

单击 Options 按钮,设置选项,如图 4 - 10 所示。

选择 J - Link 和 μC/Probe 实时统计信息的显示方式 symbols/sec 或 bytes/sec。通常,以 symbols/sec 方式查看更有意义。

单击左上角选项树中的 Configure J - Link。你将看到图 4 - 11 所示的对话框。

选择 SWD 接口模式,并单击底部的 OK 按钮。

回到"主菜单",打开 uCOS - III - EX1 - Probe. wsp 工作区,在目录:

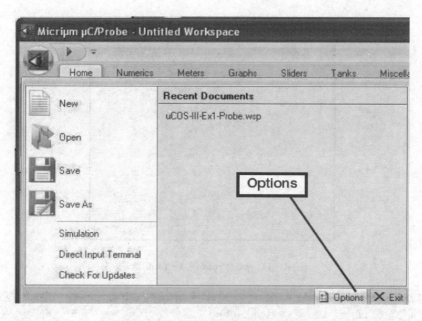

图 4 - 9　μC/Probe 主菜单

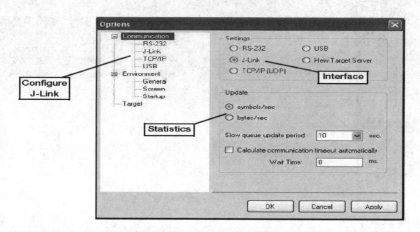

图 4 - 10　μC/Probe 选项

\Micrium\Software\EvalBoards\Micrium\uC - Eval - STM32F107\IAR\ uCOS - III - Ex1, μC/Probe 界面应该会如图 4 - 12 所示。

单击 Run 按钮, μC/Probe 采集的 μC/Eval - STM32F107 评估板运行时数据如图 4 - 13 所示。μC/OS - III Tasks 标签显示了运行时 5 个 μC/OS - III 任务的信息。在 μC/Probe V2.4 中,任务识别已集成在 μC/OS - III 中。

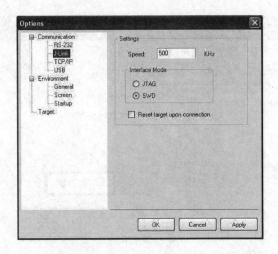

图 4 – 11 μC/Probe 的 J – Link 选项

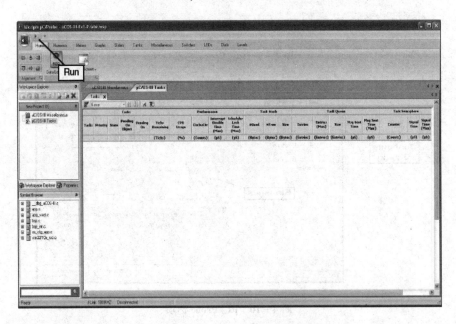

图 4 – 12 μC/Probe 例程 1 编辑模式

F4 – 13(1) 第一列显示任务的名称。

F4 – 13(2) 第二列中显示每个任务的优先级。μC/OS – III 配置为 8 个优先级
(0～7)。空闲任务总是分配最低优先级(即 7),统计任务和定时任
务运行在相同的优先级。

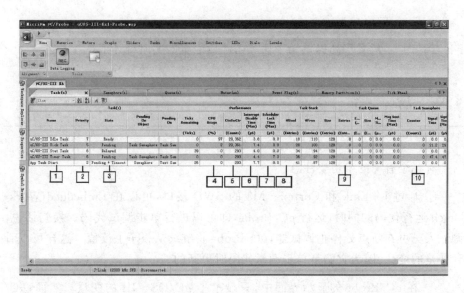

图 4 - 13　μC/Probe 例程 1 运行结果显示

F4 - 13(3)　该列显示任务的状态。任务可以处于 8 种状态之一,任务状态信息请参考书《嵌入式实时操作系统 μC/OS - III》中的第 4 章任务管理。

空闲任务将始终显示就绪状态。时钟节拍任务和定时任务,或是就绪态,或是挂起态,因为这两个任务需等待(即挂起)内部任务信号量。由于统计任务每隔 1/10 s 就会调用 OSTimeDly(),并显示延时态。

F4 - 13(4)　CPU Usage 列表示每个任务相对其他任务的 CPU 使用率。本例占用了大约 1‰的 CPU,空闲任务消耗了 1‰中的 95%,或 0.94‰的 CPU。节拍任务占用 0.05%,其他任务几乎为零。

F4 - 13(5)　CtxSwCtr 列显示任务的执行次数。

F4 - 13(6)　此列表示运行相应的任务时,最大中断禁止时间。

F4 - 13(7)　此列表示运行相应的任务时,最大锁调度器时间。

F4 - 13(8)　以下三列显示每个任务的堆栈使用。此信息由统计任务以每秒 10 次的速度收集。

F4 - 13(9)　以下五列提供每个任务的内部消息队列的统计信息。因为没有内部任务使用任务消息队列,所以没有显示相应的值。事实上,他们的值总是为 0。

F4-13(10)　最后三列提供每个任务内部信号量的实时统计信息。

4.4　总　结

有几个有趣的事情要注意。

① 通过 J-Link 和 Cortex-M3 的 SWD 接口,可以在 Embedded Workbench 运行代码的同时,运行 μC/Probe,即可以进行单步调试代码。换句话说,调试人员可在断点处停止调试器,μC/Probe 将继续从板子上读值。这样可以看到变量的变化,因为它们是单步调试代码时更新的。

② 在 μC/Probe 的显示界面中,只显示了 μC/OS-III 的变量。然而,μC/Probe 允许观察者"看"目标板上的任何变量,只要该变量声明为全局或静态变量。事实上,添加应用任务到任务列表中是非常容易的。这将在第 5 章中的例子叙述。

③ μC/Probe 界面上的变量可以按接口允许的速度快速更新。J-Link 接口,变量的更新速度约每秒 300 个符号变量。如果 μC/Probe 使用串行端口(RS-232C),更新速度大约是两倍。通过 TCP/IP,更新速度可超过 1 000 符号/秒。然而,使用 RS-232C 和 TCP/IP,你将需要添加目标板驻留代码(Micriμm 提供),μC/Probe 仅在目标代码运行时更新显示。使用 J-Link 和 IAR C-SPY 调试器,让下载应用程序到 STM32F107 变得非常容易。

第 5 章

μC /OS – III 应用实例 2

本例将读取 μC/Eval – STM32F107 板上的温度传感器 STLM75 的当前温度,如图 5 – 1 所示。

图 5 – 1　μC/Eval – STM32F107 评估板

假设已经阅读第 4 章,并熟悉工具(Embedded Workbench 和 μC/Probe),并且 μC/Eval – STM32F107 开发板已连接到 PC,则启动 IAR Embedded Workbench for ARM,打开下面的工作区:

\Micrium\Software\EvalBoards\Micrium\uC – Eval – STM32F107\IAR\ uC – Eval – STM32F107.eww

单击工作区窗口底部的 μCOS – III – EX2 选项卡,选择第二个菜单项。请注意,工作区看起来与范例 1 的工作区相同。唯一的区别是更改了 app.c 文件。

5.1　运行这个项目

单击 IAR Embedded 工具栏右端的 Download and Debug(下载和调试)按钮,如图 5-2 所示。

图 5-2　启动调试

Embedded Workbench 将编译和链接示例代码,并将目标代码通过 J-Link 仿真器下载到 STM32F107 的 Flash 中。代码开始执行,并停在 app.c 中的 main()函数处,如图 5-3 所示。

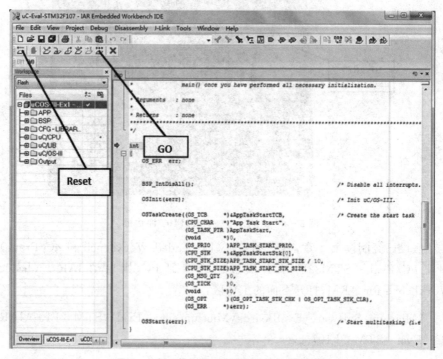

图 5-3　下载完代码后,停在 main()函数

注意,除了调用 OSInit()后,通过调用 OSSchedRoundRonbinCfg()打开时间片轮询调度外,app.c 的代码几乎与前面章节中的代码完全相同。你可能想知道,在时间片轮询调度关闭时,前面的例子如何实现在相同优先级运行多个任务的? 答案很简单,只有当一个任务需要比给它的时间份额更多的时间处理时,时间片轮询才会产生。如果一个任务仅需较少的时间处理,并调用阻塞函数,任务的行为与任何其他任务相同。

单击调试器的 Go 按钮,继续执行代码,绿色 LED 将比红色 LED(黄色 LED 会熄灭)闪烁速度快。

单击 Break 按钮停止执行代码,如图 5-4 所示。再单击 Reset 按钮(见图 5-3),可重新启动应用程序。

图 5-4 停止执行

在调试器中,向下滚动显示 AppTaskStart()代码,如程序清单 5-1 所示。

```
static void AppTaskStart (void * p_arg)
{
    CPU_INT32U cpu_clk_freq;
    CPU_INT32U cnts;
    OS_ERR     err;


    (void)p_arg;
    BSP_Init();
    CPU_Init();
    cpu_clk_freq = BSP_CPU_ClkFreq();
    cnts         = cpu_clk_freq / (CPU_INT32U)OSCfg_TickRate_Hz;
    OS_CPU_SysTickInit(cnts);
#if OS_CFG_STAT_TASK_EN>0u
    OSStatTaskCPUUsageInit(&err);
#endif
    CPU_IntDisMeasMaxCurReset();
```

```
AppTaskCreate();                                              (1)
BSP_LED_Off(0);
while (DEF_TRUE) {
    BSP_LED_Toggle(1);                                        (2)
    OSTimeDlyHMSM(0, 0, 0, 250,
                  OS_OPT_TIME_HMSM_STRICT,
                  &err);
}
}
```

代码清单 5 - 1　app. c ，AppTaskStart( )

与前面的例子相比，AppTaskStart()有两点区别。

L5 - 1(1)　调用 AppTaskCreate()来创建其他应用任务。AppTaskCreate()在 AppTaskStart()代码之后定义。AppTaskCreate()创建了一个任务 AppTaskTempSensor()。注意，AppTaskTempSensor()可以在 AppTaskStart()中直接创建，但用一个单独的函数来创建其他任务会更明智，它使 AppTaskStart()的代码更整洁。

AppTaskTempSensor()的创建与 AppTaskStart()的创建看起来类似。然而，创建这个任务时，采用了不同的参数。任务的优先级在 app_cfg. h 中定义，本例中，设置为和 AppTaskStart()相同的优先级。

L5 - 1(2)　该任务中，仅触发一个 LED(绿色)，LED 将以 2 Hz 的速度闪烁。

AppTaskTempSensor()的代码如清单 5 - 2 所示。

```
static void AppTaskTempSensor (void * p_arg)
{
    OS_ERR err;
    BSP_STLM75_Init();                                                        (1)

    AppLM75_Cfg.FaultLevel    = (CPU_INT08U )BSP_STLM75_FAULT_LEVEL_1;   (2)
    AppLM75_Cfg.HystTemp      = (CPU_INT16S )25;
    AppLM75_Cfg.IntPol        = (CPU_BOOLEAN)BSP_STLM75_INT_POL_HIGH;
    AppLM75_Cfg.Mode          = (CPU_BOOLEAN)BSP_STLM75_MODE_INTERRUPT;
    AppLM75_Cfg.OverLimitTemp = (CPU_INT16S )125;
    BSP_STLM75_CfgSet(&AppLM75_Cfg);
    while (DEF_TRUE) {
        BSP_LED_Toggle(3);
        BSP_STLM75_TempGet(BSP_STLM75_TEMP_UNIT_FAHRENHEIT,              (3)
```

```
                        &AppTempSensor);
    OSTimeDlyHMSM(0, 0, 0, 500,
                  OS_OPT_TIME_HMSM_STRICT,
                  &err);
    }
}
```

代码清单 5-2　app. c, AppTaskTempSensor( )

L5-2(1)　初始化 LM75。

L5-2(2)　LM75 是一个相当灵活的设备,如果温度超过规定的阈值,LM75 将产生中断。为了实现这一点,当 LM75 的 OS/INT 引脚有信号到来时,配置 PB5 触发中断(参见 E-16 节原理图 E-13)。可以参考 ST 提供的 LM75 和 STM32F107 数据手册。

第一步,通过查询 OS/INT 信号来确定温度是否超过". OverTemp-Limit"配置的值。因此,可设置 PB5 作为 GPIO 输入,在 AppTask-TempSensor()中添加代码读取 PB5 的状态,这只是一个练习。如果希望在 μC/Probe 中使用 LED 来显示该输入的状态,请注意,不能分离端口的某一特定位,只是简单地映射 PB5 的值到一个全局变量(μC/Probe 不能监测局部变量)。

L5-2(3)　LM75 每 0.5 s 读取一次(周围环境温度不能改变太快),值以华氏度为单位放到 AppTempSensor。你可以通过在 C-SPY 中设置断点或使用 μC/Probe,来监测温度值。

5.2　使用 μC/Probe 观测温度传感器

单击 Embedded Workbench 的 Run 按钮,继续执行代码。启动 μC/Probe,打开目录:\Micrium\Software\EvalBoards\Micrium\uC-Eval-STM32F107\IAR\uCOS-Ⅲ-Ex2 下的工作区 uCOS-Ⅲ-Ex2-Probe。

单击 Go 按钮,μC/Probe 的温度传感器界面应该按照图 5-5 所示。

移动 μC/Eval-STM32F107 评估板接近热源,将在界面中间看到传感器读取的温度数字值。此外,左边球状温度计以图形的方式显示相同的值。

【译者注】 中国版中 LM75 离 U6 较远。

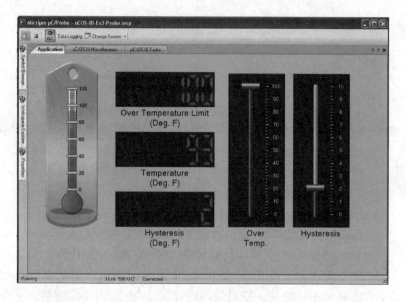

图 5 – 5　μC/Probe 温度传感器界面

第**6**章

μC/OS-III 应用实例 3

本例将实现 μC/OS-III 的性能测量。我们将看到如何实现 μC/OS-III 内置的测量功能,以及计算各种内核对象的发出—等待(post-to-pend)时间。

例程基于 μC/Eval-STM32F107 评估板。

假定读者读了前两章,已熟悉相应的工具(Embedded Workbench 和 μC/Probe),并且 μC/Eval-STM32F107 已连接到 PC。则启动 IAR Embedded Workbench for ARM,打开下面的工作区:

\Micrium\Software\EvalBoards\Micrium\uC-Eval-STM32F107\IAR\
uC-Eval-STM32F107.eww

在工作区窗口的底部单击 uCOS-III-EX3 选项卡,选择第三个菜单项。请注意工作区看起来与范例 1 和范例 2 的工作区相同。唯一的区别是更改了 app.c 文件。

6.1 运行这个项目

单击 IAR Embedded Workbench 工具栏右端的 Download and Debug(下载和调试)按钮,如图 6-1 所示。

Embedded Workbench 将编译和链接示例代码,并将目标代码通过 μC/Eval-STM32F107 评估板外接的 J-Link 调试器下载到 STM32F107 的 Flash 中。代码开始执行,并停在 app.c 中的 main()函数处。

单击调试器的 Go 按钮继续执行代码,板上的 LED 指示灯将快速闪烁。

图 6-1　启动调试

6.2　使用 μC/Probe 进行性能测试

启动 μC/Probe，打开 uCOS-III-EX3-Probe.wsp 工作区，位于目录：

\Micrium\Software\EvalBoards\Micrium\uC-Eval-STM32F107\IAR\
uCOS-III-Ex3。

选择 Application 选项卡，并单击 μC/Probe 的 Run 按钮。屏幕显示如图 6-2 所示（旋转旋钮指向 8）。

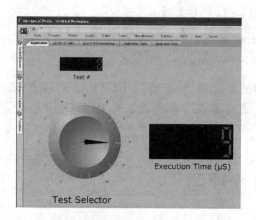

图 6-2　μC/OS-III 性能测试

使用鼠标控制旋钮指针旋转，将旋钮位置指示器"Test ＃"中看到相应的数值。当旋转旋钮时，"Execution Time(μs)(μs(微秒))"指示器将会显示测试的执行时间。

例程 3 创建了两个额外的任务，用于执行 11 项性能测试。其中一个任务发信号或消息到其他任务，并等待这些信号或消息。接收任务比发送任务的优先级更高。表 6-1 总结了测试结果。

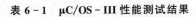

表 6 - 1　μC/OS - III 性能测试结果

测试#	描　　述	描述 （未优化）(1)	执行时间/μs （优化）(2)
0	信号 Rx 任务等待一个信号 任务切换到 Tx 任务 开始时间测量 Tx 任务发信号 任务切换到 Rx 任务 Rx 任务从等待状态返回 停止时间测量	25.5	11.0
1	信号 开始时间测量 Rx 任务发信号 Rx 任务等待信号 Rx 任务从等待状态返回 停止时间测量 没有任务切换	9.7	3.4
2	任务信号量 Rx 任务等待其内部的任务信号量 任务切换到 Tx 任务 开始时间测量 Tx 任务发信号到 Rx 任务 任务切换到 Rx 任务 Rx 任务从等待状态返回 停止时间测量	24.4	9.9
3	任务信号量 开始时间测量 Rx 任务发标其任务信号量 Rx 任务等待其任务信号量 Rx 任务从等待状态返回 停止时间测量 没有任务切换	10.1	3.9

测试#	描　述	描述 （未优化）(1)	执行时间/μs （优化）(2)
4	消息队列 Rx 任务等待消息队列 任务切换到 Tx 任务 开始时间测量 Tx 任务发消息发送到消息队列 任务切换到 Rx 接收任务 Rx 任务从等待状态返回 停止时间测量	25.9	11.3
5	消息队列 开始时间测量 Rx 任务发送一个消息到消息队列 Rx 任务等待消息队列 Rx 任务从等待状态返回 停止时间测量 没有任务切换	13.2	6.0
6	任务消息队列 Rx 任务等待其内部的任务消息队列 任务切换到 Tx 任务 开始时间测量 Tx 任务将消息发送到接收任务的内部消息队列 任务切换到 Rx 任务 Rx 任务从等待状态返回 停止时间测量	24.7	10.1
7	任务信号量 Rx 任务等待其内部的任务信号量 任务切换到 Tx 任务 开始时间测量 Tx 任务发信号到 Rx 任务 任务切换到 Rx 任务 Rx 任务从等待状态返回 停止时间测量	13.6	6.2

续表 6‑1

测试#	描　　述	描述 （未优化）(1)	执行时间/μs （优化）(2)
8	互斥信号量 开始时间测量 Rx 任务等待一个互斥量（互斥可用） Rx 任务释放互斥量 停止时间测量 没有任务切换	9.8	3.6
9	事件标志组 Rx 任务等待事件标志组 任务切换到 Tx 任务 开始时间测量 TX 任务设置事件标志组位 任务切换到 Rx 任务 Rx 任务从等待状态返回 停止时间测量	26.6	11.4
10	事件标志组 开始时间测量 Rx 任务设置事件标志组位 Rx 任务等待事件标志组 Rx 任务从等待状态返回 停止时间测量 没有任务切换	11.0	4.6

【译者注】　译者理解第 3 列表头应该是"执行时间/μs（未优化）"。

T6‑1(1)　在这些测试中，为了更好的调试代码，编译器设置为"未优化"。此外，配置 μC/OS‑Ⅲ 检查所有参数是否在中断服务中调用某些功能，API 调用是否传递了正确的对象类型等。本书提供的预编译链接库的默认配置，包括以下设置（参考《嵌入式实时操作系统 μC/OS‑Ⅲ》书附录 B，μC/OS‑Ⅲ 配置手册）：

```
Compiler Optimization              None
CPU_CFG_INT_DIS_MEAS_EN            Defined
CPU_CFG_TS_EN                      DEF_ENABLED
OS_CFG_APP_HOOKS_EN                1u
```

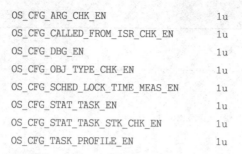

OS_CFG_ARG_CHK_EN	1u
OS_CFG_CALLED_FROM_ISR_CHK_EN	1u
OS_CFG_DBG_EN	1u
OS_CFG_OBJ_TYPE_CHK_EN	1u
OS_CFG_SCHED_LOCK_TIME_MEAS_EN	1u
OS_CFG_STAT_TASK_EN	1u
OS_CFG_STAT_TASK_STK_CHK_EN	1u
OS_CFG_TASK_PROFILE_EN	1u

T6－1(2)　为了比较,使用以下配置运行每个测试:

Compiler Optimization	Medium
CPU_CFG_INT_DIS_MEAS_EN	Not Defined
CPU_CFG_TS_EN	DEF_ENABLED
OS_CFG_APP_HOOKS_EN	1u
OS_CFG_ARG_CHK_EN	0u
OS_CFG_CALLED_FROM_ISR_CHK_EN	0u
OS_CFG_DBG_EN	0u
OS_CFG_OBJ_TYPE_CHK_EN	0u
OS_CFG_SCHED_LOCK_TIME_MEAS_EN	0u
OS_CFG_STAT_TASK_EN	0u
OS_CFG_STAT_TASK_STK_CHK_EN	0u
OS_CFG_TASK_PROFILE_EN	0u

正如你所见,使用第二种配置,性能将翻倍。通过禁用关中断时间测量和锁调度时间测量可获得最大的性能。在开发应用程序时,使能 μC/OS－III 的性能测量非常有用。然而,在部署产品时,一些功能将被禁用,推荐使用下面的配置:

Compiler Optimization	Medium
CPU_CFG_INT_DIS_MEAS_EN	Not Defined
CPU_CFG_TS_EN	DEF_ENABLED
OS_CFG_APP_HOOKS_EN	1u
OS_CFG_ARG_CHK_EN	0u
OS_CFG_CALLED_FROM_ISR_CHK_EN	0u
OS_CFG_DBG_EN	1u
OS_CFG_OBJ_TYPE_CHK_EN	0u
OS_CFG_SCHED_LOCK_TIME_MEAS_EN	0u
OS_CFG_STAT_TASK_EN	1u
OS_CFG_STAT_TASK_STK_CHK_EN	1u
OS_CFG_TASK_PROFILE_EN	1u

当 μC/OS－III 用于关键安全性应用,应该考虑下面的配置:

```
Compiler Optimization              Medium
CPU_CFG_INT_DIS_MEAS_EN            Not Defined
CPU_CFG_TS_EN                      DEF_ENABLED
OS_CFG_APP_HOOKS_EN                1u
OS_CFG_ARG_CHK_EN                  1u
OS_CFG_CALLED_FROM_ISR_CHK_EN      1u
OS_CFG_DBG_EN                      1u
OS_CFG_OBJ_TYPE_CHK_EN             1u
OS_CFG_SCHED_LOCK_TIME_MEAS_EN     0u
OS_CFG_STAT_TASK_EN                1u
OS_CFG_STAT_TASK_STK_CHK_EN        1u
OS_CFG_TASK_PROFILE_EN             1u
```

只有使用 μC/OS－III 的源代码时，才可以调整配置。

请记住，内核通常占用 2%～4% 的 CPU 时间，事实上，即使优化代码使执行速度快两倍，对系统整体性能的影响也非常小。通常在代码中保留性能测量，是为了让应用程序及其行为有更好的可视性；保留参数检查，是因为它可以在添加新的功能时会提供代码保护。除非应用程序需要最大性能，否则笔者建议采取更安全的方法。

6.3　测试代码是如何工作的

main() 函数与前面几章例子中的 main() 函数相同。

除了在本例中增加了函数调用 AppObjCreate() 来初始化内核对象外，AppTaskStart() 函数代码几乎与前例相同。AppObjCreate() 程序如清单 6－1 所示。

```
static void AppObjCreate (void)
{
    OS_ERR err;
    OSSemCreate  ((OS_SEM      * )&AppSem,
                 (CPU_CHAR     * )"App Sem",
                 (OS_SEM_CTR    )0,
                 (OS_ERR       * )&err);
    OSFlagCreate ((OS_FLAG_GRP * )&AppFlagGrp,
                 (CPU_CHAR     * )"App Flag Group",
```

```
                    (OS_FLAGS      )0,
                    (OS_ERR       * )&err);
      OSQCreate     ((OS_Q        * )&AppQ,
                    (CPU_CHAR     * )"App Queue",
                    (OS_MSG_QTY   )20,
                    (OS_ERR       * )&err);
      OSMutexCreate((OS_MUTEX     * )&AppMutex,
                    (CPU_CHAR     * )"App Mutex",
                    (OS_ERR       * )&err);
   }
```

代码清单 6 – 1　app.c，AppObjCreate( )

AppTaskCreate()创建了两个任务：AppTaskRx()和 AppTaskTx()。这些任务用于发出—等待(post-to-pend)性能测试。AppTaskRx()比 AppTaskTx()任务优先级高。AppTaskRx()将接收 AppTaskTx()任务发出的信号量或消息。

图 6 – 3 显示了这两个任务如何相互作用来实现测试。

F6 – 3(1)　由于 AppTaskRx()优先级比 AppTaskTx()高，所以首先执行 AppTaskRx()。

F6 – 3(2)　AppTaskRx()读取表 AppTestTbl[]，表中包含 AppTaskTx()和 AppTaskRx()需执行的功能的指针。每个条目包含一个需执行的测试。AppTaskRx()将 AppTestTbl[]中当前入口地址发给 AppTaskTx()，以执行相应的测试。

F6 – 3(3)　然后，AppTaskRx()执行当前表项指示的"RX"测试。在大多数情况下，测试与等待创建的 4 个内核对象或 AppTaskRx()内部的任务信号量或消息队列相关。由于目前 AppTaskTx()还没有执行发送操作，AppTaskRx()将阻塞，等待 AppTaskTx()向它发送信号或消息。

F6 – 3(4)　AppTaskTx()执行，并立即等待内部的消息队列。

F6 – 3(5)　AppTaskTx()通过调用宏 OS_TS_GET()读取当前时间戳。返回值存储在 AppTS_Start[]数组中，用 AppTestTbl[]的索引作为其索引值。

F6 – 3(6)　由于AppTaskRx()发送 AppTestTbl[]当前的入口地址到 Ap-

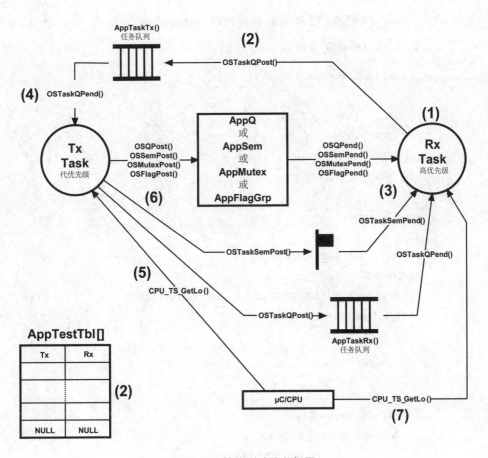

图 6-3　性能测试流程框图

pTaskTx()中,AppTaskTx()根据表中的功能执行相应的"发送"。基于执行的测试功能,这将可能对应发送信号或消息到 AppTaskRx()。

F6-3(7)　由于 AppTaskRx()具有较高的优先级,将产生任务切换,并返回到 AppTaskRx()继续执行。AppTaskRx()将通过 μC/CPU 模块读取当前时间戳,并将值存储在另一个数组 AppTS_End[]中,然后 AppTaskRx()计算开始时间和结束时间差,并保存在 AppTS_Delta[]中。注意,所有 RAM 数组中的值都以 CPU_TS 为单位。

对 Cortex-M3,时间戳可以通过读取 DWT 的 CYCCNT 寄存器获得。DWT 的计数速度与 CPU 时钟一样快,在 μC/Eval-STM32F107 评估板上其 CPU 时钟为 72 MHz,只需将 AppTS_Delta[]表项除以 72 即可获得微秒级的执行时间。

AppTaskRx()的代码清单如 6 - 2 所示。

```
static void AppTaskRx (void * p_arg)
{
    OS_ERR      err;
    CPU_INT08U  i;
    APP_TEST    * p_test;
    CPU_INT32U  clk_freq_mhz;

    (void)p_arg;
    i          = 0;
    p_test     = &AppTestTbl[0];
    AppTestSel = 0;
    clk_freq_mhz= BSP_CPU_ClkFreq() / (CPU_INT32U)1000000;               (1)
    if (clk_freq_mhz == 0) {
      clk_freq_mhz = 1;
    }

    while (DEF_TRUE) {
        BSP_LED_Toggle(1);
        OSTimeDlyHMSM(0, 0, 0, 50,                                       (2)
                    OS_OPT_TIME_HMSM_STRICT,
                    &err);
        if ((void * )p_test ->Tx ! = (void * )0) {                       (3)
            OSTaskQPost((OS_TCB    * )&AppTaskTxTCB,                      (4)
                    (void    * )p_test,
                    (OS_MSG_SIZE)i,
                    (OS_OPT     )OS_OPT_POST_FIFO,
                    (OS_ERR    * )&err);
            ( * (p_test ->Rx))(i);                                       (5)
            i+ +;
            p_test+ +;
        } else {
            i    = 0;
            p_test = &AppTestTbl[0];
```

```
        }
    AppTestTime_uS = AppTS_Delta[AppTestSel] / clk_freq_mhz;          (6)
    }
}
```

代码清单 6 - 2   app. c, AppTaskRx( )

L6 - 2(1) 通过 bsp. c 中的函数 BSP_CPU_ClkFreq( )获取以 Hz 为单位的 CPU 频率,来计算以 MHz 为单位的 CPU 频率。

L6 - 2(2) AppTaskRx( )每 50 ms 执行一次,或每秒执行 20 次测试。

L6 - 2(3) AppTaskRx( )遍历 AppTestTbl[ ],直到所有测试已执行,并不断重复测试。

L6 - 2(4) AppTaskRx( )发送 AppTestTbl[ ]当前入口地址到 AppTaskTx( )。请注意,AppTestTbl[ ]索引作为消息长度发送。

L6 - 2(5) 然后 AppTaskRx( )执行 AppTestTbl[ ]当前条目提供的"RX"功能。

L6 - 2(6) 计算测试的执行时间(μs),因此,μC/Probe 可以显示相应值。请注意,AppTestSel 与 μC/Probe"Application"数据屏幕上的"旋钮"值对应。

AppTaskTx( )的代码清单如 6 - 3 所示。

```
static void AppTaskTx (void * p_arg)
{
    OS_ERR err;
    OS_MSG_SIZE msg_size;
    CPU_TS ts;
    APP_TEST * p_test;


    (void)p_arg;
    while (DEF_TRUE) {
      BSP_LED_Toggle(3);
      p_test = (APP_TEST * )OSTaskQPend((OS_TICK      )0,              (1)
                                    (OS_OPT       )OS_OPT_PEND_BLOCKING,
                                    (OS_MSG_SIZE * )&msg_size,
                                    (CPU_TS     * )&ts,
                                    (OS_ERR     * )&err);
      ( * p_test - >Tx)((CPU_INT08U)msg_size);                          (2)
```

```
        }
    }
```

代码清单 6‑3　app.c，AppTaskTx( )

L6‑3(1)　　AppTaskTx( )等待 AppTaskRx( )发送的消息。

L6‑3(2)　　一旦收到消息,AppTaskTx( )将执行 AppTestTbl[ ]当前表项的功能。请注意,"Tx"函数将索引值发送到 AppTS_Start[ ]、AppTS_End[ ]和 AppTS_Delta[ ],测量结果将被保存在其中。

6.4　其他性能测试

　　运行示例代码,在 μC/Probe 中选择 μC/OS‑III Tasks 选项卡。图 6‑4 显示了运行示例代码 3 个多小时后的测试结果。

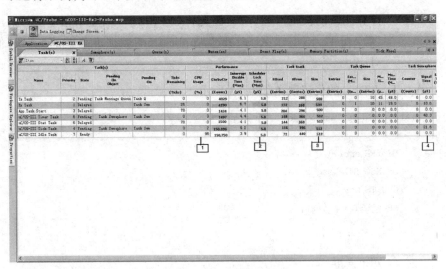

图 6‑4　μC/OS‑III 任务界面

F6‑4(1)　　μC/OS‑III 的空闲任务占用超过 90% 的 CPU。

F6‑4(2)　　μC/OS‑III 内部任务最坏情况下的中断禁止时间小于 6 μs,锁调度时间最大为 17 μs。

F6‑4(3)　　基于堆栈使用情况,可以减少大多数任务的 RAM 需求,因为没有任务使用超过 35% 的堆栈空间。事实上,空闲任务只使用了 5% 的堆栈空间。

F6-4(4)　时钟节拍任务和定时器任务是由节拍中断服务程序发信号触发的。节拍任务将在收到信号量后运行 39 μs，而定时器任务运行在收到信号量后运行 111 μs。定时器任务的优先级比较低，因此它将在节拍任务之后执行。

　　在 μC/Probe 中选择 μC/OS－III Miscellaneous(μC/OS－III 杂项)选项卡，画面如图 6－5 所示。

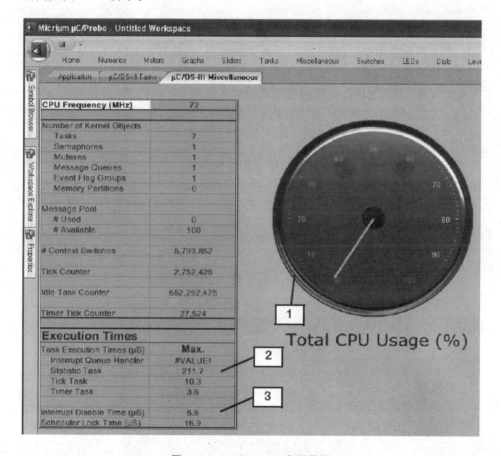

图 6－5　μC/OS－III 杂项界面

F6-5(1)　大表盘显示运行此应用的代码的总的 CPU 使用率。正如所见，图示只有 1%。

F6-5(2)　μC/OS－III 计算统计任务、时钟节拍任务和定时器任务的最大执行

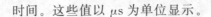

时间。这些值以 μs 为单位显示。

F6‑5(3)　　最后，μC/OS‑III 测量最大中断禁止时间，以及最大锁调度器的
　　　　　　时间。

6.5　总　结

这个例子仅实现了 μC/OS‑III 性能测试的一小部分。

在大多数应用中，应该在代码中保留性能测量，因为它为应用及其实现提供了更好的可视性。参数检查可在以后添加功能的情况下保护代码。建议采取更安全的方法，除非应用程序需要最大的性能。由于 μC/OS‑III 只使用了 2% ～ 4% 的 CPU 时间，μC/OS‑III 具备最佳的性能，应该对系统整体性能的影响很小。

通过 μC/Probe，可以显示应用任务的性能数据。然而，μC/Probe 的试用版限制用户只能显示 8 个应用变量（你可以显示 μC/OS‑III 的所有变量，因为 μC/Probe 可以识别 μC/OS‑III）。购买 μC/OS‑III 授权的用户，将免费获得一个完整版的 μC/Probe 授权。

第7章

μC/OS-III 应用实例4

本章涉及的例子更复杂,使用一个定时器来模拟车轮旋转的速度(每分钟转数-RPM)。它与《嵌入式实时操作系统 μC/OS-III》一书中第14-7节提供的例程类似。图7-1显示了系统的结构框图。嵌入式系统将测量和显示轮子的转速,以及转数。

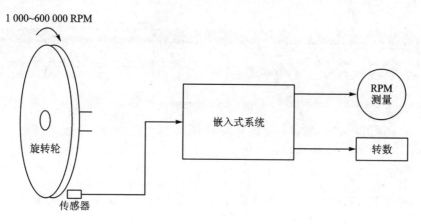

图 7-1　RPM 测量

使用定时器产生从17～10 000 Hz的频率,代表1 000～600 000的RPM来模拟旋转轮的旋转。虽然一个轮子能以600 000的RPM速度旋转令人怀疑(涡轮发动机转速约20 000 RPM),但这个速度可以产生大量的中断,以演示μC/OS-III的某些性能。

在 μC/Probe 中,我们可以通过"滑块"(即虚拟电位器)来改变定时器的频率。μC/Probe 还可以显示转速 RPM、转数及其他感兴趣的值。

例程基于 μC/Eval-STM32F107 评估板。

假设已经阅读前 3 章,熟悉开发工具(Embedded Workbench 和 μC/Probe),并且 μC/Eval - STM32F107 已连接到 PC,则启动 IAR Embedded Workbench for ARM,打开下面的工作区:

\Micrium\Software\EvalBoards\Micrium\uC - Eval - STM32F107\IAR\uC - Eval - STM32F107.eww

单击工作区窗口底部的 uCOS - III - EX4 选项卡,选择第 4 个项目。请注意,工作区看起来与以前例子的工作区相同,仅更改了 app.c 文件。

7.1　运行这个项目

单击 IAR Embedded Workbench 右端的 Download and Debug(下载和调试)按钮,如图 7 - 2 所示。

图 7 - 2　启动调试

Embedded Workbench 将编译和链接示例代码,并将目标代码通过 μC/Eval - STM32F107 评估板外接的 J - Link 调试器下载到 STM32F107 的 Flash 中。代码开始执行,并停在 app.c 中的 main()函数处。

单击调试器的 Go 按钮继续执行代码,板上的 3 个 LED 灯将闪烁。

7.2　显示旋转轮数据

启动 μC/Probe,打开 uCOS - III - EX4 - Probe.wsp 工作区,位于目录:

\Micrium\Software\EvalBoards\Micrium\uC - Eval - STM32F107\IAR\uCOS - III - Ex4 下。

选择 Application 选项卡,并单击 μC/Probe 的 Run 按钮。屏幕应如图 7 - 3 所示。

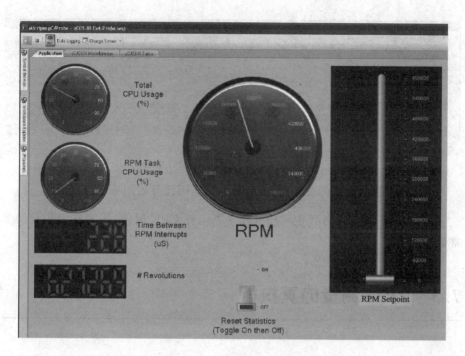

图 7 - 3　使用 μC/Probe 的 RPM 例程用户接口

在中心位置的大仪表表示轮子的转速 RPM(0~600 000)。

左下角的数字显示屏显示当前轮子的转数。

RPM Setpoint 滑块用来调整模拟轮子的转速 RPM。此滑块改变控制模拟轮转动频率的定时器。滑块上的数值与仪表盘上的值相对应。

另外还有两个仪表。左上角仪表显示应用程序代码总的 CPU 使用率。它下面的仪表显示 RPM 测量任务(稍后介绍)使用的 CPU 时间占总 CPU 时间的百分比。如图 7 - 3 所示,RPM 任务消耗了总的 CPU 使用率 28% 中的 17%。换句话说,RPM 任务消耗了 4.76% 的 CPU 时间(28% 中的 17%)。

♯ Revolutions 上面显示屏的数字指示轮子旋转一圈所需的时间(μs)。当滑块降到最低端,该屏将显示 60 000(60 ms),滑块到达最顶端时,屏显示 100 μs。

右边的拨动开关用来复位 μC/OS - III 的统计,当开关从开切换到关状态时,调用 OSStatReset() 来重置统计任务。

图 7 - 4 显示了统计上的 μC/OS - III 任务的统计信息。

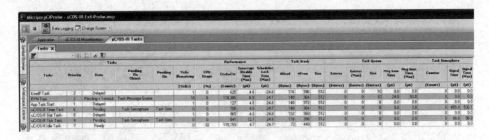

图 7 - 4　μC/OS‑III 任务统计信息

当 RPM 到达滑块的最顶端 600 000 时,空闲任务占用 63％的 CPU。

节拍任务,统计任务和定时任务几乎不消耗 CPU 时间,因为它们是开销非常低的任务。

7.3　RPM 测量仿真执行

图 7 - 5 显示了一个中断服务程序 ISR 与任务交换的框图。例子包含两个任务和一个 ISR。其中一个任务是用来监视由 μC/Probe 提供的虚拟电位和开关的变化。

F7 - 5(1)　用户接口任务每 100 ms 读取一次复位统计开关。当开关从关闭状态打开时,调用 OSStatReset()。为了复位统计,拨动开关至关闭位置,并重复此过程。

F7 - 5(2)　用户接口任务也监控滑块值(AppRPM_Stp),并将该值转换为定时器(即 STM32F107 的定时器 1)的重载计数值(AppRPM_TmrReload_Cnts),来模拟轮子旋转。

F7 - 5(3)　定时器 1 是 16 位递减计数器,当计数达到零时自动加载计数值。如图 7 - 5 所示,定时器的参考频率设置为 1 MHz,因此,定时器可以产生从 15.25 Hz(计数值 65 535)到 1 MHz(计数值 1)的频率。定时器超时后,将产生一个中断。

F7 - 5(4)　中断服务程序通过读取当前时间戳来模拟捕捉输入的读数(详见后)。在 Cortex - M3 中,时间戳来自 DWT_CYCCNT 寄存器,这是一个计算 CPU 的时钟周期的 32 位计数器。在 μC/Eval -

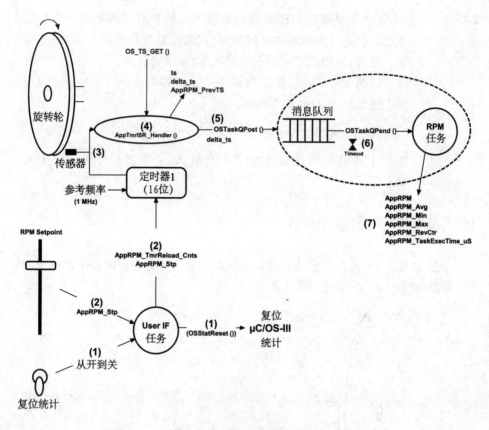

图 7 - 5　测量和计数 RPM

STM32F107 上,计数器以 72 MHz 的速度递增,提供足够的分辨率。时间戳减去以前的时间戳来计算中断之间的时间差。

F7 - 5(5)　时间差发送到 RPM 任务内部消息队列。

F7 - 5(6)　当 ISR 退出时,如果 RPM 任务是就绪的优先级最高的任务,μC/OS‑III 将切换到该任务。RPM 任务从它的消息队列中提取收到的消息来计算 RPM。通过公式:

$$\text{AppRPM} = \frac{60}{\text{TimeForOneRevolution}}$$

或

$$\text{AppRPM} = \frac{60 \times 72\,000\,000}{\text{delta\_ts}}$$

计算。因为 $60 \times 72\,000\,000$ 超过 32 位无符号数的范围,所以计算使用浮点运算。

F7-5(7)　　RPM 任务也跟踪与任务收到消息的时间相对应的转数。事实上，这也与任务发生切换的时间对应，该值保存在任务控制块 OS_TCB 中。然而，应用程序代码不能读取 TCB 中的信息。

通过过滤 RPM 值计算平均转速（AppRPM_Avg），当前值的 1/16 加上前值的 15/16，如下所示：

$$\text{AppRPM\_Avg} = \frac{\text{AppRPM}}{16} + \frac{15 \times \text{AppRPM\_Avg}}{16}$$

RPM 任务还检测最高转速（AppRPM_Max）和最低转速（AppRPM_Min）。

使用捕捉输入测量 RPM

通常情况下，可通过很多控制器自带的称为输入捕捉的定时器来实现 RPM（或周期）测量。图 7-6 显示了工作流程。

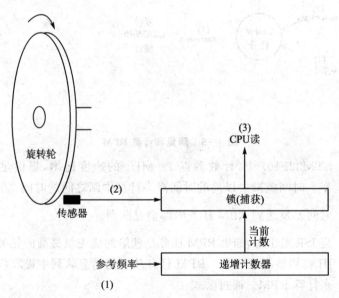

图 7-6　通过捕捉输入测量 RPM

F7-6(1)　　参考频率馈入一个自由运行的计数器。许多输入捕获只有 16 位，这限制了测量值的范围。然而，现代微控制器提供 32 位的输入捕获，提供了一个更宽的测量范围。

F7-6(2)　　当传感器检测到轮子旋转一圈后，它"锁住"（或捕获）自由运行定时器的当前值。

F7 - 6(3)　同一时间 CPU 被中断,并读取锁存值。轮子完成一个完整旋转的时间由当前锁存值减去前一次的锁存值来确定。因此 RPM 值为:

$$RPM = \frac{60 \times ReferenceFrequency}{CuttentLatched - PreviousLatched}$$

7.4　代码是如何工作的

　　Main()函数和 AppTaskStart()函数的代码与前面的例子相同。用户接口任务的代码如清单 7 - 1 所示。

```
static void AppTaskUserIF (void * p_arg)
{
    OS_ERR      err;

    (void)p_arg;
    while (DEF_TRUE) {
        BSP_LED_Toggle(3);
        OSTimeDlyHMSM(0, 0, 0, 100,
                    OS_OPT_TIME_HMSM_STRICT,
                    &err);
        if (AppRPM_Stp > 1000u) {                               (1)
            AppRPM_TmrReload_Cnts = (CPU_INT16U)(60000000uL / AppRPM_Stp);
        } else {
            AppRPM_TmrReload_Cnts = (CPU_INT16U)60000u;
        }
        TIM1 - >ARR = AppRPM_TmrReload_Cnts;                    (2)
        if (AppStatResetSw ! = DEF_FALSE) {                     (3)
            OSStatReset(&err);
            AppStatResetSw = DEF_FALSE;
        }
    }
}
```

代码清单 7 - 1　app. c,AppTaskUserIF

L7 - 1(1)　RPM 步进量由 μC/Probe(滑块)改变。由于使用 16 位计时器来模拟 RPM,RPM 不能低于 1 000(16 Hz)。基于 1 MHz 的参考频率馈入定时器 1，从当前位置计算重载值。

L7-1(2)　更新定时器 1 的重载寄存器。

L7-1(3)　μC/Probe 中的开关（见图 7-3）映射到 AppStatResetSw，如果用户触发开关，应用将重置 μC/OS-III 的统计。

RPM 任务的代码清单 7-2 所示。

```
static void AppTaskRPM (void * p_arg)
{
    OS_ERR          err;
    CPU_INT32U      cpu_clk_freq_mhz;
    CPU_INT32U      rpm_delta_ic;
    OS_MSG_SIZE     msg_size;
    CPU_TS          ts;
    CPU_TS          ts_start;
    CPU_TS          ts_end;

    (void)p_arg;
    AppRPM_PrevTS    = OS_TS_GET();                                         (1)
    AppTmrInit(200);                                                        (2)
    cpu_clk_freq_mhz = BSP_CPU_ClkFreq() / (CPU_INT32U)1000000;             (3)
    AppRPM_RevCtr    = 0u;
    AppRPM_Max       = (CPU_FP32)0.0;
    AppRPM_Min       = (CPU_FP32)99999999.9;
    while (DEF_ON) {
        rpm_delta_ic = (CPU_INT32U)OSTaskQPend((OS_TICK      )OSCfg_TickRate_Hz,
                                                                            (4)
                                               (OS_OPT       )OS_OPT_PEND_BLOCKING,
                                               (OS_MSG_SIZE* )&msg_size,
                                               (CPU_TS     * )&ts,
                                               (OS_ERR     * )&err);
        ts_start = OS_TS_GET();                                             (5)
        if (err == OS_ERR_TIMEOUT) {                                        (6)
            AppRPM = (CPU_FP32)0;
        } else {
            AppRPM_RevCtr + + ;                                             (7)
            if (rpm_delta_ic > 0u) {
                AppRPM = (CPU_FP32)60 * (CPU_FP32)AppCPU_ClkFreq_Hz         (8)
                       / (CPU_FP32)rpm_delta_ic;
```

```
    } else {
        AppRPM = (CPU_FP32)0;
    }
}

if (AppRPM > AppRPM_Max) {                                    (9)
    AppRPM_Max = AppRPM;
}

if (AppRPM < AppRPM_Min) {
    AppRPM_Min = AppRPM;
}

AppRPM_Avg = (CPU_FP32)0.0625 * AppRPM                        (10)
           + (CPU_FP32)0.9375 * AppRPM_Avg;
ts_end     = OS_TS_GET();
AppRPM_TaskExecTime_uS = (ts_end - ts_start)                 (11)
           / cpu_clk_freq_mhz;
BSP_LED_Toggle(1);
    }
}
```

代码清单 7-2　app. c, AppTaskRPM( )

L7-2(1)　当计算旋转周期时,需要"前面的时间戳值",读取当前时间戳来初始化其值。

L7-2(2)　初始化定时器 1。

L7-2(3)　初始化转数及探测器最小值和最大值。

L7-2(4)　任务挂起,直到收到发送给它的消息。该消息实际上是"时间差",代表轮子模拟旋转一周的时间。

L7-2(5)　当收到消息后,启用另一个时间戳,用来测量任务的执行时间(见 11 项)。

L7-2(6)　如果消息队列等待超时,表示轮子没有旋转,RPM 为 0。在我们的实验中,由于最低频率是 16 Hz,这种情况永远不会发生。

L7-2(7)　更新转数计数器。

L7-2(8)　根据中断之间的时间差计算 RPM。请注意,应该有代码检查除数是否为零。

L7-2(9)　更新 RPM 探测器的最大和最小值。

L7‐2(10)　使用简单的过滤计算 RPM 平均值。

L7‐2(11)　最后，确定任务的执行任务(约 7 µs)。

定时器中断服务程序 ISR(模拟捕捉输入)代码如清单 7‐3 所示。

```
static void AppTmrISR_Handler (void)
{
    OS_ERR    err;
    CPU_TS    ts;
    CPU_TS    delta_ts;



    ts          = OS_TS_GET();                                  (1)
    delta_ts    = ts - AppRPM_PrevTS;                           (2)
    AppRPM_PrevTS = ts;
    TIM_ClearITPendingBit(TIM1, TIM_IT_Update);                 (3)
    OSTaskQPost((OS_TCB     * )&AppTaskRPM_TCB,                  (4)
               (void        * )delta_ts,
               (OS_MSG_SIZE)sizeof(CPU_TS),
               (OS_OPT      )OS_OPT_POST_FIFO,
               (OS_ERR      * )&err);
}
```

代码清单 7‐3　app. c, AppTmrISR_Handler( )

L7‐3(1)　读取时间戳来模拟输入捕捉"闩锁"寄存器的读取。

L7‐3(2)　计算中断(即输入捕获)之间的时间间隔。

L7‐3(3)　清除定时器中断，以避免在退出 ISR 时，重新进入相同的中断。

L7‐3(4)　delta 计数发送到 RPM 任务。

7.5　观　测

消息发送时，µC/OS‐III 的 OSTaskQPost()已经保存了该时刻的时间戳。因此，为了使用该特性，ISR 和 RPM 任务代码稍微不同。如果不使用输入捕捉，测量会有误差。

具体来说,就是没有必要在 ISR 中读取时间戳,计算 delta,再发送 delta 的值到 RPM 任务。相反,在 ISR 可以简单地做以下工作:

```
static void AppTmrISR_Handler (void)
{
    OSTaskQPost((OS_TCB       * )&AppTaskRPM_TCB,
                (void          * )0,
                (OS_MSG_SIZE)0,
                (OS_OPT        )OS_OPT_POST_FIFO,
                (OS_ERR        * )&err);
    TIM_ClearITPendingBit(TIM1, TIM_IT_Update);
}
```

唯一的区别是时间戳的读取稍微延后(因为它在 OSTaskQPost()读取),而在 OSTaskQPost()中,时间戳被先读取。

在 RPM 任务中,OSTaskQPend()返回时,由于我们只需要时间戳,所以不需要发送任何信息。因此,我们也可以使用 OSTaskSemPost()和 OSTaskSem-Pend()来获得相同的结果。

RPM 任务也可以计算增量 delta 来减少 ISR 的处理时间。RPM 任务如下(仅显示改变部分):

```
while (DEF_TRUE) {
    (void)OSTaskQPend((OS_TICK         )OSCfg_TickRate_Hz,
                      (OS_OPT          )OS_OPT_PEND_BLOCKING,
                      (OS_MSG_SIZE  * )&msg_size,
                      (CPU_TS       * )&ts,
                      (OS_ERR       * )&err);
    ts_start = OS_TS_GET();
    if (err == OS_ERR_TIMEOUT) {
        AppRPM = (CPU_FP32)0;
    } else {
        AppRPM_RevCtr + +;
        rpm_delta_ic = ts - AppRPM_PrevTS;
        AppRPM_PrevTS = ts;
        if (rpm_delta_ic > 0u) {
            AppRPM = (CPU_FP32)60 * (CPU_FP32)AppCPU_ClkFreq_Hz
                    / (CPU_FP32)rpm_delta_ic;
        } else {
            AppRPM = (CPU_FP32)0;
```

```
        }
    }
    :
    /* Rest of the code here */
    :
}
```

7.6 总 结

这个例子叙述了如何测量一个轮子的 RPM。使用一个计时器来模拟轮子。生成的 RPM 被严重夸大,创建一个高频率的中断(高达 10 000 Hz)。

μC/CPU 提供了获得时间戳的能力,用来测量执行时间和中断之间的时间间隔。

μC/Probe 是一个非常有用的工具,它可以显示应用中几乎所有的实时数据。调试时,这些信息很重要,因为它帮你"看"到很多嵌入式系统中不可见的事情。

第 **8** 章

μC/OS – III 应用实例 5

本例实现了基于 Micro SD 卡的文件读写。例程中采用了 μC/FS 文件系统,工程中,该文件系统以库文件的方式提供,该库文件包含以下限制:

① μC/FS 存储介质仅支持 SD 卡。

② 只能同时打开两个文件。

注意:该库文件和下面的应用代码,可以从 www.bmrtech.com 获得。

购买了 μC/FS 授权的用户,可以获取源代码,没有此限制。

8.1　μC/FS 文件系统

μC/FS 是 Micriμm 公司软件的产品,是一个高度可移植、可固化的嵌入式 FAT 文件系统,可用于微处理器,微控制器和 DSP 设备。μC/ FS 提供了基于 ANSC 源代码,并注释了大多数全局变量和所有函数,可与所有主流的操作系统兼容。一个可选的日志组件提供了故障安全保护,以维护 FAT 的完整性。

μC/FS 是为与各种类型的硬件兼容而设计的,适用于所有的存储介质。μC/FS 提供了常用的存储介质的设备驱动程序。驱动基于分层的结构,可以很简单地移植到用户的硬件。设备驱动程序的结构很简单,基本上只是初始化、读和写函数,因此,可以轻松地为新的存储介质开发驱动程序。

μC/FS 可以同时访问多种存储介质,包括类型相同的介质(因为所有的驱动都是可重入的)。此外,提供了逻辑设备驱动程序,以便一个文件系统可以跨越几个(通常是相同的)设备,如一组 NAND 芯片。

8.1.1 μC/FS 特点

POSIX 兼容的文件访问接口（FOPEN、FREAD 等）和目录访问（opendir、readdir 等）

➢ 与处理器无关
➢ 轻松地移植到新平台
➢ RAM 和 ROM 空间可调
➢ 支持 FAT12/16/32 和长文件名（VFAT）
➢ 可选的日志组件，实现 FAT 掉电保护
➢ 支持设备格式化和创建分区

μC/FS 的代码是用 ANSI C 写的，适用于所有处理器。μC/FS 具有如下一些特点：

① 支持与 MS‑DOS/Windows 兼容的 FAT12、FAT16 和 FAT32 文件系统。

② 支持多种设备驱动。μC/FS 支持各种不同的设备驱动，从而允许用户在同一时间通过文件系统访问不同类型的硬件。

③ 支持多种存储介质。通过设备驱动允许用户在同一时间访问不同的介质。

④ 支持操作系统。其他操作系统，包括 μC/OS‑II 可以很方便地与 μC/FS 结合，这样用户就可以在多线程环境下进行文件操作。

⑤ 为用户的应用程序提供类似于 stdio.h 的 API，它是用 ANSI C 写的，所以一个用标准 C I/O 库的应用程序可以方便地移植以使用 μC/FS。

⑥ 非常简单的设备驱动结构。μC/FS 只需要读写分区的底层函数，所以要支持用户定制的硬件也很简单。提供以下设备的驱动：SMC、SD、MMC、CF、IDE、RAMdisk 和 Windows（允许用户在 Windows 环境下使用仿真软件）。

8.1.2 μC/FS 文件系统结构

μC/FS 由 API 层、文件系统层、逻辑块层及设备驱动层组成，文件系统结构如图 8‑1 所示。

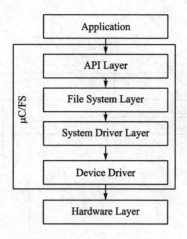

图 8-1　文件系统结构

➢ API 层(API Layer)

API 层是 μC/FS 与用户应用程序之间的接口,包含了一个与文件函数相关的 ANSI C 库,如 FS_Fopen(),FS_Fwrite()等。API 层把这些调用传递给文件系统层。目前在 μC/FS 下只有 FAT 型的文件系统可以获取,但是 API 层可以同时处理不同类型的文件系统层,所以在 μC/FS 下可以同时使用 FAT 和其他文件系统。

➢ 文件系统层(File System Layer)

文件系统层把文件操作请求传递给逻辑块操作,通过这种传递文件系统调用逻辑块操作来为设备指定相应的设备驱动。

➢ 系统驱动层(System Driver Layer)

系统驱动层的主要功能是使对设备驱动的访问同步,并为文件系统层提供一个便捷的接口。

➢ 设备驱动层(Device Driver)

设备驱动层是处于系统底层的例程,用以访问存储硬件。设备驱动的结构简单,易于与用户自己的存储设备进行整合。

8.2　基于 μC/FS 的 SD 卡文件系统的实现

处理器通过 SPI 接口扩展 SD 卡。电路如图 8-2 所示。

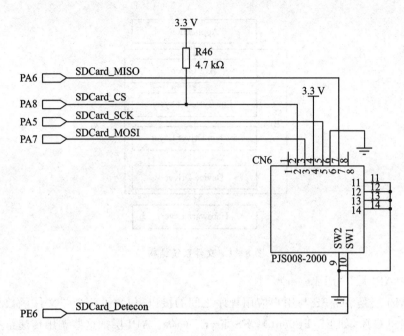

图 8 - 2　Micro SD 卡硬件连接

SD 驱动

为了在 μC/FS 中使用 SD 卡,需要硬件的设备驱动程序。驱动程序中包括访问硬件的底层 I/O 函数和全局表,全局表中存放了这些 I/O 函数的指针。

SD 卡的驱动结构如下:

```
const  FS_DEV_API  FSDev_SD_SPI = {
    FSDev_SD_SPI_NameGet,
    FSDev_SD_SPI_Init,
    FSDev_SD_SPI_Open,
    FSDev_SD_SPI_Close,
    FSDev_SD_SPI_Rd,
#if (FS_CFG_RD_ONLY_EN == DEF_DISABLED)
    FSDev_SD_SPI_Wr,
#endif
    FSDev_SD_SPI_Query,
    FSDev_SD_SPI_IO_Ctrl
};
```

硬件通过 SPI 接口方式访问 SD 卡。Micriμm 公司提供了 SD 卡的驱动程序，用户只需要提供 SD 卡的基本硬件访问函数。

```
const  FS_DEV_SPI_API  FSDev_SD_SPI_BSP_SPI = {
    FSDev_BSP_SPI_Open,
    FSDev_BSP_SPI_Close,
    FSDev_BSP_SPI_Lock,
    FSDev_BSP_SPI_Unlock,
    FSDev_BSP_SPI_Rd,
    FSDev_BSP_SPI_Wr,
    FSDev_BSP_SPI_ChipSelEn,
    FSDev_BSP_SPI_ChipSelDis,
    FSDev_BSP_SPI_SetClkFreq
};
```

SD 卡初始化代码如清单 8 - 1 所示。

```
static CPU_BOOLEAN FSDev_BSP_SPI_Open (FS_QTY unit_nbr)
{
    CPU_INT32U temp;
    if (unit_nbr ! = 0u) {
        FS_TRACE_INFO(("FSDev_BSP_SPI_Open(): Invalid unit nbr: % d.\r\n",
unit_nbr));
        return (DEF_FAIL);
    }

    STM32_REG_RCC_APB2RSTR & = ~(DEF_BIT_12 | DEF_BIT_02 | DEF_BIT_06);
    STM32_REG_RCC_APB2ENR  | = (DEF_BIT_12 | DEF_BIT_02 | DEF_BIT_06);    (1)

    temp                      = STM32_REG_GPIOA_CRL;                      (2)
    temp                  & = 0x000FFFFFu;
    temp                  | = 0xBBB00000u;
    STM32_REG_GPIOA_CRL       = temp;

    temp                      = STM32_REG_GPIOA_CRH;                      (3)
    temp                  & = 0xFFFFFFF0u;
    temp                  | = 0x00000003u;
    STM32_REG_GPIOC_CRH       = temp;

    temp                      = STM32_REG_GPIOE_CRL;                      (4)
    temp                  & = 0xF0FFFFFFu;
```

```
    temp                        | = 0x04000000u;
    STM32_REG_GPIOE_CRL          = temp;

    STM32_REG_SPI1_CR1           = STM32_BIT_SPI_CR1_MSTR              (5)
                                 | STM32_BIT_SPI_CR1_BR_MASK
                                 | STM32_BIT_SPI_CR1_SSI
                                 | STM32_BIT_SPI_CR1_SSM;

    STM32_REG_SPI1_CR2           = 0u;
    STM32_REG_SPI1_CR1           | = STM32_BIT_SPI_CR1_SPE;           (6)
    return(DEF_OK);
}
```

代码清单 8 – 1   fs_dev_sd_spi_bsp. c, FSDev_BSP_SPI_Open( )

L8 – 1(1)　　使能 SPI1,GPIOA,GPIOE 时钟。

L8 – 1(2)　　初始化 MISO(PA6),MOSI(PA7),SCK(PA5)信号。

L8 – 1(3)　　初始化 CS(PA8)信号。

L8 – 1(4)　　初始化 SDCard_Detection(PE6)。

L8 – 1(5)　　初始化 SPI1 的工作模式。

L8 – 1(6)　　使能 SPI1。

SD 卡的读写实现如清单 8 – 2 和 8 – 3 所示。

```
static void FSDev_BSP_SPI_Rd (FS_QTY        unit_nbr,
                              void        * p_dest,
                              CPU_SIZE_T    cnt)
{
    CPU_INT08U  * p_dest_08;
    CPU_BOOLEAN   rxd;
    CPU_INT08U    datum;


    (void) &unit_nbr;

    p_dest_08 = (CPU_INT08U *)p_dest;
    while (cnt > 0u) {
        STM32_REG_SPI1_DR = 0xFFu;
```

```
    do {
        rxd = DEF_BIT_IS_SET(STM32_REG_SPI1_SR,STM32_BIT_SPI_SR_RXNE);
    } while (rxd == DEF_NO);

    datum      = STM32_REG_SPI1_DR;
    * p_dest_08 = datum;
    p_dest_08 ++ ;
    cnt -- ;
    }
}
```

代码清单 8 - 2   fs_dev_sd_spi_bsp. c,FSDev_BSP_SPI_Rd( )

```
static void FSDev_BSP_SPI_Wr (FS_QTY       unit_nbr,
                              void        * p_src,
                              CPU_SIZE_T   cnt)
{
    CPU_INT08U    * p_src_08;
    CPU_BOOLEAN   rxd;
    CPU_INT08U    datum;

    (void)&unit_nbr;

    p_src_08 = (CPU_INT08U *)p_src;
    while (cnt > 0u) {
        datum          = * p_src_08;
        STM32_REG_SPI1_DR = datum;
        p_src_08 ++ ;

        do{
            rxd = DEF_BIT_IS_SET(STM32_REG_SPI1_SR, STM32_BIT_SPI_SR_RXNE);
        } while (rxd == DEF_NO);

        datum = STM32_REG_SPI1_DR;
        (void)&datum;
        cnt -- ;
    }
}
```

代码清单 8 - 3   fs_dev_sd_spi_bsp. c,FSDev_BSP_SPI_Wr( )

8.3 μC /FS 应用

首先需要在 μC/FS 中添加 SD 卡，App_FS_AddSD_SPI (void)。在调用任何文件系统函数之前，需要通过 FS_Init()初始化文件系统并创建集成 OS 需要的资源。在 AppTaskStart 任务中调用 App_FS_Init()初始化文件系统。代码如清单 8 – 4 所示。

```
static void AppTaskStart (void * p_arg)
{
    CPU_INT32U   cpu_clk_freq;
    CPU_INT32U   cnts;
    OS_ERR       err;

    (void)p_arg;

    BSP_Init();
    CPU_Init();

    cpu_clk_freq = BSP_CPU_ClkFreq();
    cnts         = cpu_clk_freq / (CPU_INT32U)OSCfg_TickRate_Hz;
    OS_CPU_SysTickInit(cnts);

# if OS_CFG_STAT_TASK_EN > 0u
    OSStatTaskCPUUsageInit(&err);
# endif

# if (APP_CFG_FS_EN == DEF_ENABLED)
    App_FS_Init();                                                    (1)
# endif

    BSP_LED_Off(0);
    while (DEF_TRUE) {
        BSP_LED_Toggle(0);
```

```
    OSTimeElyHMSM(0, 0, 0, 100,
                OS_OPT_TIME_HMSM_STRICT,
                &err);
    }
}
```

代码清单 8 - 4　app. c, AppTaskStart( )

L8 - 4(1)　App_FS_Init()将调用 FS_Init()(fs_app. c)初始化文件系统。

第 **9** 章

μC/OS‑Ⅲ 应用实例 6

本章介绍了在 μC/OS‑Ⅲ 中通过配置 EMW 参数实现 WiFi 无线通信的方法，主要实现的功能有数据回显和无线控制 LED 灯。

9.1 EMW 系列 WiFi 模块简介

EMW 系列 WiFi 模块是 MXCHIP 公司开发的高速串口/WiFi 数据传输模块，内部集成了 TCP/IP 协议栈和 WiFi 通信模块驱动。用户利用它可以轻松实现串口设备的无线网络功能，节省开发时间，使产品更快地投入市场，增强竞争力。

该产品可方便地实现串口设备的无线数据传输，并且可以支持 WiFi 的 WEP/WPA/WPA2 加密，广泛应用于嵌入式设备与 PC 之间，或者多个嵌入式设备之间的无线通信。

1. 特　点

➢单操作电压：3.3 V

➢ 工作电流＜220 mA，待机电流＜1 mA

➢ CPU 主频 120 MHz，内嵌 Flash 1 MB，RAM 128 KB

➢ 两种工作模式：命令控制模式和透明传输模式

➢ 完整的 WiFi 无线通信解决方案，全面降低应用处理器的资源需求

➢ 多种配置方式：模块内置 WEB 配置服务器，PC 端配置软件或者 EMSP 命令

2. 射频特性

- ➢ WLAN 标准:IEEE 802.11b/g/n,WiFi 兼容
- ➢ 工作频率:2.4 GHz ISM 频段
- ➢ 支持 AP 客户端模式,AP 服务器模式和 Ad - Hoc 模式
- ➢ 支持 WEP40 和 WEP104 加密(64/128 bit),支持开放系统模式和共享密钥模式
- ➢ 支持 WPA/WPA2 PSK 加密,加密算法支持 AES 和 TKIP
- ➢ WiFi 连接断开后自动恢复
- ➢ 模块从复位到建立 WiFi 网络的时间小于 2 s

3. UART 接口特性

- ➢ 串口波特率:9 600～921 600
- ➢ 最高传输速率 65 KB/s(同时发送和接收)90 KB/s(发送或者接收)
- ➢ 支持 UART 的硬件流控制来保证数据传输的完整性和可靠性

4. TCP/IP 特性

- ➢ 支持 DNS 域名解析服务
- ➢ 支持 DHCP 自动获取 IP 地址,Ad - Hoc 模式下自动开启 DHCP 服务器功能
- ➢ 支持网络数据传输协议 TCP,UDP
- ➢ 支持 TCP 服务器模式或者客户端模式
- ➢ 作为 TCP 客户端时,具有 TCP 断线自动重连接机制,保证数据传输链路稳定可靠
- ➢ 作为 TCP 服务器时,允许最多 3 个客户端的连接
- ➢ 支持 UDP 广播或单播

注意:EMW WiFi 模块(如图 9 - 1)不是 μC/Eval - STM32F107 评估板的一部分,需要另外购买。下面的软件代码可以从 www.mxchip.com 或者 www.bmrtech.com 获得。

图 9 - 1   EMW3280 WiFi 模块

9.2 准备软硬件环境

此例程主要在 μC/OS‐III 上实现 WiFi 数据透明传输的功能,需要准备以下软硬件环境。

9.2.1 硬件设备

(1) 测试用 PC

本 PC(带无线网卡)用于模拟和 EMW 模块相连的网络设备,通过 WiFi 无线网络和其他设备交换数据。

(2) 通用无线路由器

无线路由器用于组织一个 WiFi 无线网络,并且为网络中的设备提供 Internet 访问。

(3) 开发板 μC/Eval‐STM32F107 评估板

开发板上通过 MCU 配置好 WiFi 的参数,与 PC 建立 TCP 连接,实现与 PC 端的数据的交互。

9.2.2 工具软件

(1) 串口调试助手或者超级终端

通过串口调试助手或者超级终端实现串口数据的收发,这些数据通过开发板的 USART2 将 WiFi 的参数信息打印到窗口中,如图 9‐2 所示。

(2) TCP/UDP 测试工具

基于 TCP/UDP 的网络数据的收发,这些数据可以收发给 WiFi 模块,WiFi 可以通过串口转发给 MCU,实现数据的相关处理。我们通常使用该软件在 PC 端创建服务器和客户端,TCP&UDP 测试工具的界面如图 9‐3 所示,主要分为以下三个部分:

➢ 数据链路管理
➢ 数据链路表
➢ 数据收发窗口

★ 优点：可以发送十六进制数，允许周期发送，软件界面简单易懂。
★ 缺点：该软件对中文支持不佳，并且在同时收发大量数据时占用大量 CPU 时间，导致丢失数据包。

★ 优点：Windows XP 自带软件，稳定可靠，长时间接收大量数据时不会占用大量 CPU 时间，同时支持串口文件传输协议。
★ 缺点：不能收发十六进制数，不能实现周期性发送。

图 9－2　串口调试工具

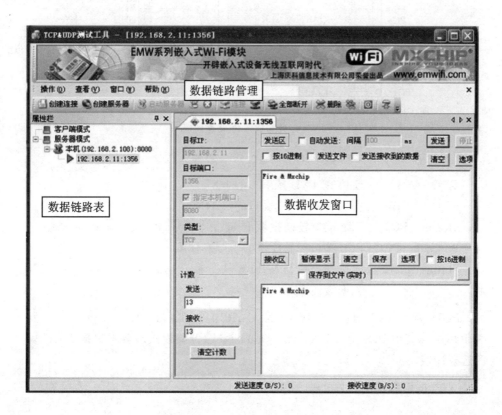

图 9－3　TCP & UDP 测试工具

9.3　硬件设计

μC/Eval‐STM32F107 与 EMW3180/EMW3280 的硬件连接如图 9‐4 所示。

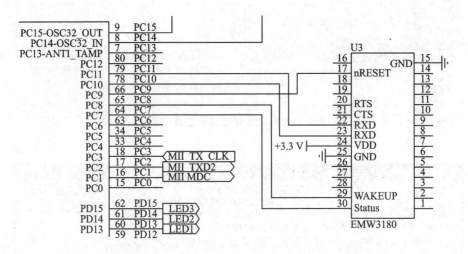

图 9‐4　EMW3280 硬件连接

EMW3280 与 EMW3180 引脚定义一致。引脚连接说明如下：

TXD‐PC11　　模块的 TXD 接串口的 RXD

RXD‐PC10　　模块的 RXD 接串口的 TXD

nReset‐PC9　　PC9 端口控制模块 Reset

Wakeup‐PC8　　PC8 端口控制模块的唤醒和休眠

Status‐PC7　　PC7 端口控制 WiFi 模块 Status 状态进入命令控制模式和数据透传模式

PC11 为 UART4 的 RX，PC10 为 UART4 的 TX，PC9、PC8 和 PC7 分别 GPIO 端口，其中 PC9 应设为 Open‐Drain 模式（开漏模式），客户根据 MCU 资源选择连接。

WiFi 的引脚定义如表 9‐1 所列。

表 9 - 1 WiFi 引脚定义

引　脚	引脚名	FT	引　脚	引脚名	FT
1 - 14	NC		22	UART_TXD(OUT)	
15	GND		23	UART_RXD(IN)	√
16	nWI - FI LED(OUT) BOOT(IN)		24	VDD	
17	nRESET(IN)		25	GND	
18	IO1		26 - 28	NC	
19	NC		29	nWAKE_UP(IN)	
20	nUART_RTS(OUT)		30	STATUS(IN)	√
21	nUART_CTS(IN)	√			

注意: 具体的可参考《DS001_EMW3280_V2. pdf》引脚定义及说明。

9.4 软件设计

本例程是基于 μC/OS - III 的 WiFi 通信,在例程中建立了三个任务,这三个任务分别是启动任务、设置 WiFi 参数和通过 WiFi 来控制 LED 灯的闪烁。首先为各项任务分配内存空间:

```
#define  APP_TASK_START_STK_SIZE      128u
#define  APP_GET_PARA_STK_SIZE        128u
#define  APP_DATA_TRANSFER_STK_SIZE   128u
AppTaskStartStk[APP_TASK_START_STK_SIZE];     //为任务 1 定义任务堆栈区
AppTaskSetWiFi[APP_SET_WIFI_STK_SIZE];        //为任务 2 定义任务堆栈区
AppTaskLedControl[APP_LED_CONTROL_STK_SIZE];  //为任务 3 定义任务堆栈区
```

根据任务安排的原则,一般情况下,任务越重要优先级越高。本例程中首先应初始化 LED 灯、UART2、UART4 和连接 WiFi 模块的接口,其次配置 WiFi 模块接入无线网络与 PC 端建立 TCP 或者 UDP 链路进入数据透传模式。进入数据透传模式后通过信号量通知 LED 灯闪烁控制任务。

```
#define APP_TASK_START_PRIO    4    //设置任务 1 优先级
#define APP_GET_SET_WIFI       5    //设置任务 2 优先级
#define APP_LED_CONTROL        6    //设置任务 3 优先级
```

任务函数声明

```
static void AppTaskStart (void * p_arg); //声明任务 1,BSP_Init()板级初始化
static void AppTaskSetWiFi(void * p_arg); //声明任务 2,通过 USART4 配置 WiFi
                                          //参数,模块进入数据透传模式
static void AppTaskLedControl(void * data); //声明任务 3,PC 端 TCP&UDP 测试工具通
                                            //过 WiFi 模块控制开发板 LED 灯的闪烁
```

开始程序设计之前,首先了解一下主函数。在主函数中,进行了操作系统的初始化,启动多任务操作系统。

```
int main (void)
{
    OS_ERR   err;
    BSP_IntDisAll();                    //关闭所有中断
    OSInit(&err);                       //系统初始化
    OSTaskCreate((OS_TCB      * )&AppTaskStart_TCB,
                 (CPU_CHAR     * )"App Task Start",
                 (OS_TASK_PTR   )AppTaskStart,
                 (void         * )0,
                 (OS_PRIO       )APP_TASK_START_PRIO,
                 (CPU_STK      * )&AppTaskStart_Stk[0],
                 (CPU_STK_SIZE)APP_TASK_START_STK_SIZE / 10,
                 (CPU_STK_SIZE)APP_TASK_START_STK_SIZE,
                 (OS_MSG_QTY    )0,
                 (OS_TICK       )0,
                 (void         * )0,
                 (OS_OPT        )(OS_OPT_TASK_STK_CHK | OS_OPT_TASK_STK_CLR),
    (OS_ERR       * )&err);  //创建启动任务

    OSStart(&err);          //启动多个任务
}
```

AppTaskStart()函数,该函数包含了板级的初始化,信号量机制的创建,多个任务的创建。

```
static  void  AppTaskStart (void * p_arg)
{
    CPU_INT32U  cnts;
    OS_ERR      err;
    (void)p_arg;
    BSP_Init();              //板级初始化
```

```
    CPU_Init();                //初始化 μC/CPU 服务
    AppCPU_ClkFreq_Hz = BSP_CPU_ClkFreq();
    cnts = AppCPU_ClkFreq_Hz / (CPU_INT32U)OSCfg_TickRate_Hz;
    OS_CPU_SysTickInit(cnts);
# if OS_CFG_STAT_TASK_EN > 0u
    OSStatTaskCPUUsageInit(&err);
# endif
# ifdef  CPU_CFG_INT_DIS_MEAS_EN
    CPU_IntDisMeasMaxCurReset();
# endif
    AppObjCreate();            //创建信号量
    AppTaskCreate();           //创建多个任务
}
```

任务 2 为配置 WiFi 参数函数,配置好参数之后,WiFi 连入无线网络中,并与 PC 端的建立 TCP 或者 UDP 链接。下面只是示例参数配置部分的代码:

```
    parm.wifi_mode = AP;   //WiFi 模式 AP 模式或者 Ad - hoc 模式
    strcpy((char * )parm.wifi_ssid,"MXCHIP");          //无线网络 SSID
    strcpy((char * )parm.wifi_wepkey,"");              //WEP 加密
    parm.wifi_wepkeylen = 0;                          //WEP 密钥长度
    strcpy((char * )parm.local_ip_addr,"192.168.2.11");   //本地 IP 地址
    strcpy((char * )parm.remote_ip_addr,"192.168.2.108");//远端 IP 地址

    strcpy((char * )parm.net_mask,"255.255.255.0");      //子网掩码
    strcpy((char * )parm.gateway_ip_addr,"192.168.2.1");//网关地址
    parm.portH = 8080>>8;
    parm.portL = 8080;                                //网络端口
    parm.connect_mode = TCP_Client;                   //模块模式 Server 或者 client
    parm.use_dhcp = DHCP_Disable;                     //使能或者失能 DHCP
    parm.use_udp = TCP_mode;                          //TCP 模式或 UDP 模式
    parm.UART_buadrate = BaudRate_115200;             //串口波特率
    parm.DMA_buffersize = buffer_256bytes;            //DMA Buffer 设置
    parm.use_CTS_RTS = HardwareFlowControl_None;      //使能或者失能硬件流控制
    parm.parity = Parity_No;                          //奇偶校验位
    parm.data_length = WordLength_8b;                 //数据位 8 位或者 9 位
    parm.stop_bits = StopBits_1;                      //停止位
    parm.IO_Control = IO1_Normal;                     //I/O 端口帧控制
    parm.sec_mode = Secure_WPA_WPA2_PSK;              //WPA 加密
    strcpy((char * )parm.wpa_psk,"str710fz2t6");      //配置 WiFi 模块参数
```

```
while(EM380C_Set_Config(&parm) == EM380ERROR); //设置 WiFi 参数
while(EM380C_Reset() == EM380ERROR);           //重启 WiFi 模块,是参数生效
EM380C_Startup();                              //启动 WiFi 连接网线网络


OSSemPost((OS_SEM *)&AppSem, (OS_OPT   )OS_OPT_POST_1,(OS_ERR *)&err);
                                               //发送信号量给任务 3
```

任务 3 可以接收来自 WiFi 的控制命令控制 LED 灯的闪烁。LED 灯控制部分代码如下,如果有数据通收发的话,LED 灯闪烁。

```
OSSemPend((OS_SEM *)&AppSem,
         (OS_TICK )0,
         (OS_OPT  )OS_OPT_PEND_BLOCKING,
         (CPU_TS *)&ts,
         (OS_ERR *)&err); //等待信号量


while(1)
  {

      unsigned int i;

      if(USART_GetFlagStatus(USART4,USART_IT_RXNE) == SET)
      {
          i = USART_ReceiveData(USART4);
          switch(i)
          {
              case 0x01:
                  //D1 灯亮灭
                  if(a == 0) { BSP_LED_ON (1); a = 1;}
                  else { BSP_LED_Off (1);;a = 0;   }
                  break;
              case 0x02:
                  if(a == 0) { BSP_LED_ON (2); a = 1;}
                  else { BSP_LED_Off (2);;a = 0;   }
                  break;
              case 0x03:
                  //D3 灯亮灭
                  if(a == 0) { BSP_LED_ON (3); a = 1;}
                  else { BSP_LED_Off (3);;a = 0;   }
```

```
            break;
        }
    }
}
```

9.5 实验例程下载验证

在完成软件设计之后,将编译好的文件通过 J - Link 下载到 μC/EVAL - STM32F107 评估板上,观察其运行结果。WiFi 连上无线网络之后,μC/EVAL - STM32F107 评估板将 WiFi 的参数信息通过串口打印到 PC 的串口调试助手或者超级终端。TCP/UDP 测试工具发送数据,开发板接收到 PC 端 TCP/UDP 测试工具发送的数据,通过 WiFi 模块发送给 PC,达到回显的功能,如图 9 - 5 所示。

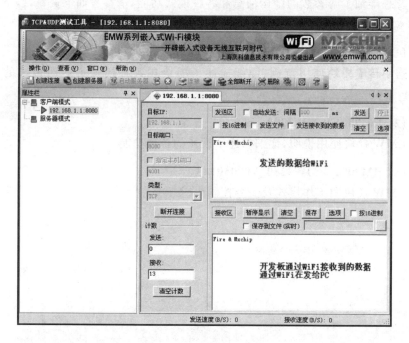

图 9 - 5 PC 端测试结果

如果 PC 发送字符 1 端控制 LED1 灯的亮灭,字符 2 端控制 LED2 灯的亮灭,字符 3 端控制 LED3 灯的亮灭,如图 9 - 6 所示。

图 9 – 6   μC/Eval – STM32F107 开发板运行结果

注:本例中的网络 SSID 为 MXCHIP,加密方式为 WPA 加密,密码为 str710fz2t6,模块作为 client,PC 端 TCP/IP 测试工具端建立服务器。这里只是简单的测试,客户需要根据不同的网络设置不同的 SSID、加密方式、密码和模式。要想详细了解参数的结构信息和各种模式功能,请参考如下资料,以下资料通过 www. mxchip. com 下载获得。

(1) AN0003_EMW_DataTransferExample. pdf

透明传输模块使用范例,详细描述了模块在各种模式下透明传输的使用方法。

(2) RM0001_EMW3280

EMW 模块使用说明,详细描述了模块的各项功能。

(3) RM0001_EMW3280_V02060288

EMW 模块的工作模式及命令控制集。

第 **10** 章

IAR EWARM 开发工具的使用

通过本章的内容,读者将学会如何使用 EWARM 集成开发环境调试应用代码。

10.1 创建工程

EWARM 是按项目进行管理的,提供了应用程序和库程序的项目模板。项目下面可以分级或分类管理源文件,允许为每个项目定义一个或多个编译链接(build)配置。在建立新项目之前,必须建立一个新的工作区(Workspace),一个工作区中允许存放一个或多个项目。

另外用户最好建立一个专用的目录存放自己的项目文件。例如在本文中生成一个 D:\Program files\IAR System\My projects 目录。现在双击桌面上的 IAR Embedded Workbench 图标,打开 IAR EWARM 开发环境窗口。

10.1.1 生成新的工作区(Workspace)

选择 File→New→Workspace 菜单项生成新工作区,如图 10 - 1 所示。

10.1.2 生成新项目

① 选择 Project→Create New Project 菜单项,弹出生成新项目界面,如图 10 - 2 所示。

本例选择项目模板(Project template)中的 Empty project。

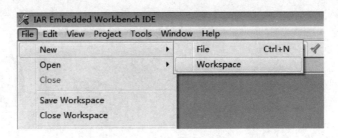

图 10 - 1　生成新的工作区

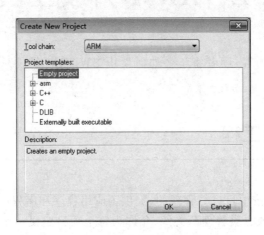

图 10 - 2　生成新项目界面

② 在 Tool chain 对应的下拉列表框中选择 ARM,然后单击 OK 按钮。

③ 在弹出的另存为界面中浏览和选择新建的 My projects 目录,输入文件名 project1,然后保存。这时在屏幕左边的 Workspace 窗口中将显示新建的项目名,如图 10 - 3 所示。

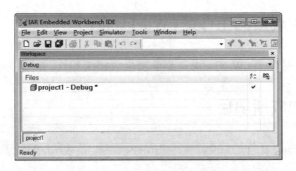

图 10 - 3　Workspace 窗口

IAR EWARM 提供两种默认的项目生成配置,即 Debug 和 Release。本例在 Workspace 窗口顶部的下拉菜单中选取 Debug。现在 My projects 目录下已生成一个 project1. ewp 文件。该文件中包含与 project1 项目设置有关的信息,如 build 选件等。项目名后缀上的 * 号表示该工作区有改变但还没有被保存。

本例调用 printf 库函数,这是在 C - SPY 软仿真器中的一个低级 write 函数。如果用户希望在真实硬件上以 release 配置运行例子,就必须提供与硬件相适配的 write 函数。

④ 保存工作区。

先选择 File→Save Workspace 菜单项,浏览并选择 My projects 目录。然后在 File name 文本框输入 tutorials,单击保存按钮退出。这时在 My projects 目录下将生成一个 tutorials. eww 文件,该文件中保存了用户添加到 tutorials 工作区中的所有项目。窗口和断点放置等与当前操作有关的其他信息则存储在 My projects\ settings 目录下的文件中。

10.1.3　给项目添加文件

本例我们将采用 arm\tutor 目录下的两个源文件,Tutor. c 和 Utilities. c。

Tutor. c 是一个只用到标准 C 语言的简单程序,用 Fibonacci 数列的前十个数初始化一个数组,并把结果打印到 stdout;Utilities. c 包含计算 Fibonacci 数列的实用程序。IAR EWARM 允许生成若干个源文件组,用户可以根据项目需要来组织自己的源文件,但在本例中没有必要。

① 在 Workspace 中选择要添加文件的目的地,可以是项目或源文件组。本例直接选 project1。

② 选择 Project→Add File 菜单项打开标准浏览窗口,如图 10 - 4 所示。选择安装目录 ARM\tutor 下的上述两个文件,单击打开按钮,把它们添加到 Project1 目录下。

10.1.4　设置项目选件

生成新项目和添加文件后就应该为项目设置选件。IAR EWARM 允许为任何一级目录和文件单独设置选件,但是用户必须为整个项目设置通用的编译链接(build)选件。

图 10 - 4　添加文件窗口

(1) 选择通用选件

选中 Workspace 中的 project1 - Debug,然后选择 Project→Options 菜单项。也可以先选择 project1 - Debug,然后右击选择命令中的 Options。如图 10 - 5 所示。

图 10 - 5　项目通用选件界面

在弹出的 Options 窗口左边的 Category 中选择 General Options。然后分别在:

① Target 选项卡中 Core 下拉列表框中选择 ARM7TDMI - S(或者其他 MCU 核)。

② Output 选项卡中,Output file 下拉列表框中选择 Executable。

③ Library Configuration 选项卡中,Library 下拉列表框中选择 Normal。

(2) 选择编译器选件

在 Options 窗口的 Category 中选择 C/C++ Compiler,如图 10-6 所示。

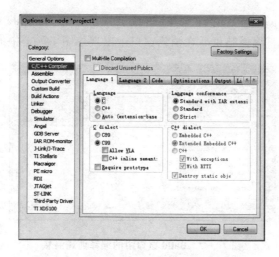

图 10-6　C/C++ Compiler 选件界面

然后在:

① Language 选项卡中,选择 C、C99、Standard with IAR extensions 等。

② Optimization 选项卡中,选择 None。

③ Output 选项卡中,选择 Generate debug information。

④ List 选项卡中,选择 Output list file。并选择 Assembler mnemonics 和 Diagnostics。

⑤ 单击 OK 按钮,确认选择的选件。

在设置项目选件窗口中有许多其他信息。由于本例比较简单,所以没有涉及这些内容。

10.2　编译和链接应用程序

编译和链接(build)项目程序,同时生成一个链接器存储器分配文件(linker

map file)。

10.2.1 编译源文件

① 选中 Workspace 中 utilities. c 文件。

② 选择 Project→Compile 菜单项，或工具条中的 Compile 按钮，或右击选择 Compile 命令。编译结束后在消息窗口中出现如图 10－7 中的信息。

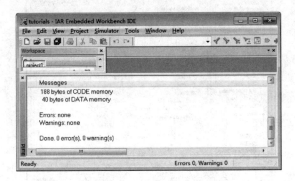

图 10－7　Build 窗口中的编译处理消息

③ 用同样的方法编译 tutor. c。

编译完成后在 My projects 目录下将生成一些新子目录。因为我们在建立新项目时选择 Debug 配置，所以在 My projects 目录下自动生成一个 Debug 子目录。Debug 子目录下又包含另外 3 个子目录，名字分别为 List、Obj 和 Exe。它们的用途如下：

> List 目录下存放列表文件，列表文件的后缀是 lst

> Obj 目录下存放 Compiler 和 Assembler 生成的目标文件，这些文件的后缀为 o，可以用作 IAR ILINK 链接器的输入文件

> Exe 目录下存放可执行文件，这些文件的后缀为 out，可以用作 IAR C－SPY 调试器的输入文件，注意在执行链接处理之前这个目录是空的

单击 project1－Debug 前面的＋号将目录展开。读者可以从自动生成的 Output 目录中看到所有生成的输出文件名以及反映相互依赖关系的的头文件名，如图 10－8 所示。

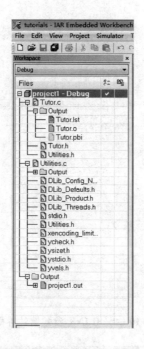

图 10 - 8　编译处理后的文件结构

10.2.2　链接应用程序

① 先选中 Workspace 窗口中的 Project1 - Debug, 然后选择 Project→Op-tions 菜单项, 弹出 Options 对话框, 如图 10 - 9 所示。在左边的 Category 中选择 Linker, 会出现 IAR ILINK 的各选件界面。

本例全部采用默认的链接处理选项。但是仍需要强调一下输出文件格式和 Linker 命令行文件的选择。

➤ 输出格式

如果用户希望把应用下载到一个 PROM 或 Flash 编程器, 则其输出格式不需要带调试信息, 如：Intel - hex 或 Motorola S - records, 如图 10 - 10 所示。

在 List 选项卡中选择 Generate linker map file(如图 10 - 11), 允许生成存储器分配 MAP 文件。

➤ 链接器命令文件

链接器命令文件(Linker Command File)包含了链接器的各项命令行参数,

图 10 - 9　ILINK 参数选件界面

图 10 - 10　输出格式选择

主要用于控制代码段和数据段在存储器中如何分布。本例使用默认的链接器命令文件。

注:本例链接器命令文件中的定义不与任何特定的硬件相关联。EWARM

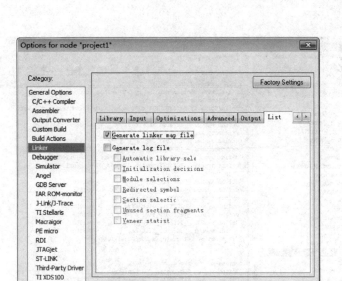

图 10 - 11　设置生成 map 文件

提供的链接器命令文件模板都可以在软仿真器(Simulator)中使用,但是如果要把它们用于目标系统则必须与实际的硬件存储器分布相适配,因此熟悉链接器命令文件的格式和各段的定义十分重要。用户可以从 arm\src\examples 目录中找到与评估板相关的链接器命令文件。

用户如果要检查链接器命令文件,需用合适的文本编辑器,例如 IAR EWARM 的编辑器。也可以打印出来,检查各项定义是否符合要求,如图 10 - 12 所示。

我们在这里介绍一些主要的链接器命令:

定义异常向量表的起始地址

define symbol __ICFEDIT_intvec_start__ = 0x0;

定义 ROM 的起始地址

define symbol __ICFEDIT_region_ROM_start__　 = 0x80;

定义 ROM 的终止地址

define symbol __ICFEDIT_region_ROM_end__　 = 0x7FFFF;

定义 RAM 的起始地址

define symbol __ICFEDIT_region_RAM_start__　 = 0x100000;

定义 RAM 的终止地址

define symbol __ICFEDIT_region_RAM_end__　 = 0x1FFFFF;

定义各种堆栈大小

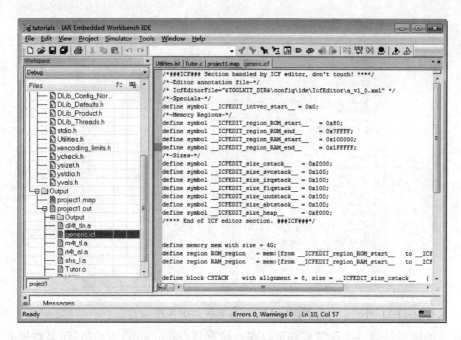

图 10 – 12　链接器命令文件

```
define symbol __ICFEDIT_size_cstack__    = 0x2000；定义栈大小
define symbol __ICFEDIT_size_svcstack__  = 0x100；
define symbol __ICFEDIT_size_irqstack__  = 0x100；
define symbol __ICFEDIT_size_fiqstack__  = 0x100；
define symbol __ICFEDIT_size_undstack__  = 0x100；
define symbol __ICFEDIT_size_abtstack__  = 0x100；
define symbol __ICFEDIT_size_heap__      = 0x8000；定义堆大小
```

定义最大长度为 4 GB 的可寻址空间

```
define memory mem with size = 4G；
define region ROM_region  = mem：[from __ICFEDIT_region_ROM_start__   to __
ICFEDIT_region_ROM_end__]；
define region RAM_region  = mem：[from __ICFEDIT_region_RAM_start__   to __
ICFEDIT_region_RAM_end__]；
```

创建各种块,存放堆和栈,均以 8 B 对齐

```
define block CSTACK    with alignment = 8, size = __ICFEDIT_size_cstack__
{ }；
define block SVC_STACK with alignment = 8, size = __ICFEDIT_size_svcstack__
{ }；
```

```
define block IRQ_STACK with alignment = 8, size = __ICFEDIT_size_irqstack__
{ };
define block FIQ_STACK with alignment = 8, size = __ICFEDIT_size_fiqstack__
{ };
define block UND_STACK with alignment = 8, size = __ICFEDIT_size_undstack__
{ };
define block ABT_STACK with alignment = 8, size = __ICFEDIT_size_abtstack__
{ };
define block HEAP      with alignment = 8, size = __ICFEDIT_size_heap__
{ };
```

进行初始化设置

```
initialize by copy { readwrite };
do not initialize   { section .noinit };
```

对所有段在地址空间中所处的位置进行配置

```
place at address mem:__ICFEDIT_intvec_start__ { readonly section .intvec };
place in ROM_region    { readonly };
place in RAM_region    { readwrite,
                         block CSTACK, block SVC_STACK, block IRQ_STACK,
                         block FIQ_STACK,block UND_STACK, block ABT_STACK,
                         block HEAP };
```

关于链接器命令文件的定制方法和链接器命令行参数的详细语法,请参阅手册《IAR C/C++Development Guide》相关章节。

② 单击 OK 按钮保存 IAR ILINK 选件

③ 选择 Project→Make 菜单项或右击选择 Make 命令,链接目标文件,生成可执行代码。Build 消息窗口中将显示链接处理的消息。链接的结果将生成一个带调试信息的代码文件 project1. out 和一个存储器分配(MAP)文件 project1. map。

10.2.3　查看 MAP 文件

双击 Workspace 中的 project1. map 文件名,编辑器窗口中将显示该 MAP 文件。从 MAP 文件中我们可以了解以下内容:

① 文件头部:显示链接器版本,链接时间和日期,输出文件名以及链接命令使用的选项。

② RUNTIME MODEL ATTRIBUTES 段：显示使用的运行期库的属性。

③ PLACEMENT SUMMARY 段：按地址顺序显示节/块，依据安放指令排序。

④ INIT TABLE 段：显示数据的范围，包装方法，压缩比。

⑤ MODULE SUMMARY 段：显示所有被链接模块的大小，依据目录和库排序。

⑥ ENTRY LIST 段：按字母顺序显示全局和局部符号，并说明它们来自那个模块。

⑦ 文件尾部：显示总的代码和数据字节数。

到此为止，已经生成 project1.out 应用程序并可以用于 IAR C－SPY 中调试。

10.3　IAR C－SPY 调试器应用

本例使用 C－SPY 的软仿真器（Simulator）来展现 IAR C－SPY 调试器的基本特点。前面各节生成的 project1.out 应用程序已经可以用 C－SPY 调试器进行调试。用户利用调试器可以查看变量、设置断点、观察反汇编代码、监视寄存器和存储器，在 Terminal I/O 窗口打印输出。

10.3.1　开始调试

在开始调试之前必须设置几个 C－SPY 选件。具体操作如下：

① 选择 Project→Option 菜单项，选择 Category 中的 Debugger。在 Setup 页面，Driver 的下拉列表框中选择 Simulator，同时选择 Run to main，单击 OK。如果用户已经购买了 IAR 的 JTAG 仿真器，请选择 J－Link。

② 选择 Project→Debug 菜单项或工具条上的 Debugger 按钮。IAR C－SPY 将开始装载 project1.out。除了已经打开的窗口外，将显示一组 C－SPY 专用窗口。

10.3.2　组织窗口

在 EWARM 中可以固定窗口(所谓 dock),也可以组织成书签形式,也可以让它们浮动。改变浮动窗口的大小时其他窗口不受影响。

注意 EWARM IDE 窗口最底部的状态条中包含如何安排窗口的有用信息。

在开始调试前请确认如图 10 – 13 所示的各窗口和内容已经显示在屏幕上。在编辑器窗口应能看到源文件 Tutor. c 和 Utilities. c 以及 Debug Log 消息窗口。

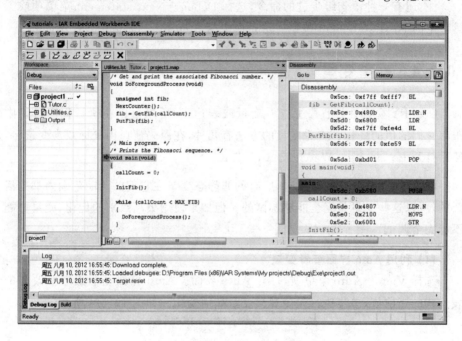

图 10 – 13　C – SPY 调试窗口

10.3.3　检查源代码语句

① 检查源代码语句,双击 Workspace 中的 Tutor. c。

② 在编辑器显示文件 Tutor. c 后,用 Debug→Step Over 命令(或 F10)步进到 init_fib 函数调用语句。

③ 选择 Debug→Step Into 菜单项(或 F11)进入函数 init_fib。

注:Step Over 命令用来执行源程序中的一条语句或一条指令,即使这条语句是一函数调用语句。而 Step Into 命令则进入到函数或子程序调用的内部。当执行 Step Into 后,活跃窗口已经切换到 Utilities. c,因为 init_fib 在这个文件里。

④ 继续用 Step Into 命令直到 for 循环语句。

⑤ 再用 Step Over 命令回到 for 循环的头。请注意,现在是在函数调用级上而不是语句级步进。

注:还有一种语句级步进的命令,选择 Debug→Next statement 菜单项或工具条上的 Next statement 按钮。这条命令与 Step Into 和 Step over 不同。

10.3.4　检查变量

C-SPY 允许在源程序上查看变量或表达式,所以可以在执行程序过程中跟踪它们的值的变化。查看变量的方法有几种,在源码窗口用鼠标双击变量名,然后打开 Locals、Live Watch 或 Auto 界面。

注:当采用 None 优化级时,所有的非静态变量在它们的活动范围内都是活跃的,所以这些变量是完全能够调试的。但如果使用更高级别的优化,变量可能不能完全调试。

(1) 利用 Auto 界面查看变量

选择 View→Auto 菜单项,打开 Auto 界面。Auto 界面显示最近修改过的表达式的当前值,单步执行程序观察变量如何变化。如图 10-14 所示。

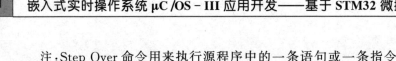

图 10-14　Auto 界面中检查变量

(2) 设置一个 Watchpoint,利用 Watch 界面查看变量

选择 View→Watch 菜单项,打开 Watch 界面。如图 10-15 所示。请注意 Watch 界面和 Auto 界面按书签形式显示。按以下步骤在变量 i 上设置一个 Watchpoint。

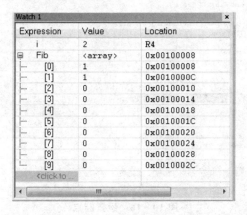

图 10-15   Watch 界面

① 单击 Watch 界面中的虚线框,当输入区出现时输入 i,然后按 Enter 键。也可以从编辑器窗口拖一个变量到 Watch 界面。

② 双击 init_fib 函数中的 Fib 数组名,将其拖到 Watch 界面。

Watch 窗口将显示 i 和 Fib 的值。将 Fib 展开观察每个元素的值。

③ 继续执行单步,观察 i 和 Fib 值的变化。

④ 从 Watch 界面中除去一个变量时,只需选择它然后删除。

10.3.5   设置和监视断点

IAR C-SPY 具有强大的断点功能。详细请见 *IAR Embedded workbench C-SPR debugging Guide* 手册 107 页 *using breakpoint*。

设置断点最简单的方法是将光标定位到某条语句,然后右击选择 Toggle Breakpoint 命令。实验方法如下:

(1) 设置断点

用下面方法在 get_fib(i)语句上设置断点。在编辑器窗口显示 utilities.c,如图 10-16 所示。单击要设置断点的语句,选择 Edit→Toggle Breakpoint 菜单项。也可以按工具条上的 Toggle Breakpoint 按钮。这时该语句上将出现断点标记。如果要查看刚定义的断点,选择 View→Breakpoint 菜单项打开 Breakpoint 界面。在 Debug Log 界面也显示有关断点执行的信息。

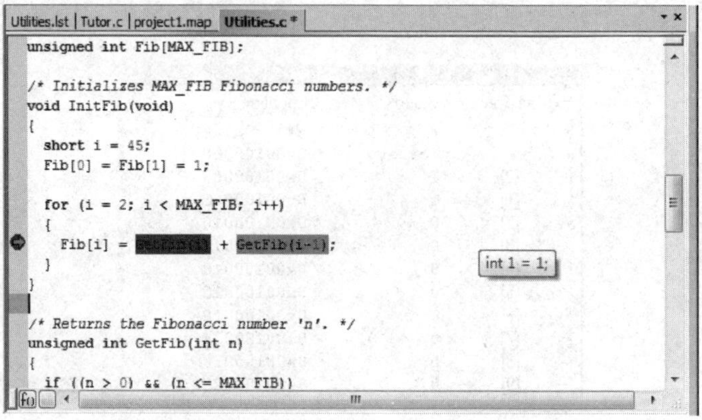

图 10 - 16　设置断点

(2) 执行到断点

选择 Debug→Go 菜单项或者工具条上的 Go 按钮都可以让程序执行到断点。Watch 界面将显示 Fib 表达式的值。Debug Log 窗口将显示关于断点的信息。

(3) 消除断点

选择 Edit→Toggle Breakpoint 菜单项或右击选择 Toggle Breakpoint。

10.3.6　在反汇编界面上调试

通常,在 C\C++程序上调试应该更快速和更直接。但是如果用户希望在反汇编程序上调试,C - SPY 也提供了这种功能,而且 C - SPY 允许用户方便地在两种方式上切换。反汇编程序的调试方法如下:

① 单击 Reset 按钮复位应用程序。

② 调试时反汇编界面通常是打开的。如果没打开可选择 View→Disassembly 菜单项打开反汇编界面,如图 10 - 17 所示。

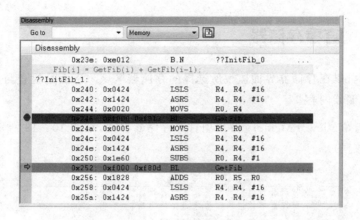

图 10 - 17　反汇编界面

10.3.7　监视寄存器

寄存器界面允许用户监视和修改 CPU 寄存器的内容。如图 10 - 18 所示，具体方法如下：

① 选择 View→Register 菜单项打开寄存器界面，如图 10 - 18 所示。

② 用 Step Over 命令执行下一条指令，观察寄存器界面中的数据如何变化。

③ 关闭寄存器界面。

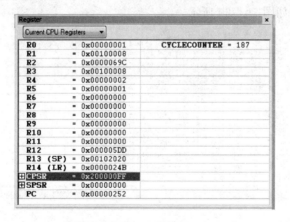

图 10 - 18　寄存器界面

10.3.8　查看存储器

用户可以在存储器界面监视所选择的存储器区域。下面是检查与变量 Fib 有关的存储器内容。

① 选择 View→Memory 菜单项打开存储器界面，如图 10 - 19 所示（用 8 - bit 显示数据）。

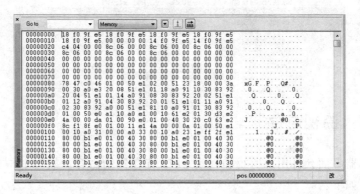

图 10 - 19　8 位模式显示存储器界面

② 激活 Utilities.c 窗口并双击变量 Fib。将其拖动到存储器界面。

③ 如果希望以 16 - bit 显示数据，在存储器窗口定部的下拉列表框中选择 2x Units 命令，如图 10 - 20 所示。

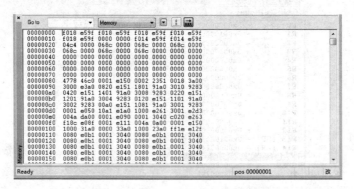

图 10 - 20　16 位模式显示存储器界面

如果 C 应用程序的 init_fib 函数没有初始化所有的存储器单元，继续执行单步，同时观察存储器的内容是如何修改的。用户可以在存储器界面修改存储单元的内容。只需把插入点放在希望修改的地方,然后输入新值就可以了。

④ 关闭存储器界面。

10.3.9　观察 Terminal I/O

用户有时可能希望调试应用程序中的 stdin 和 stdout,但是又没有实际的硬件支持。C‐SPY 允许用户使用 Terminal I/O 模拟 stdin 和 stdout。

选择 View→Terminal I/O 菜单项显示 I/O 操作的输出,如图 10‐21 所示。Terminal I/O 界面显示的内容取决于应用程序执行了多远。

注:Terminal I/O 只有在使用了链接输出文件选件 With I/O emulation module 时才可用。也就是说,某些把 stdin 和 stdout 指向 Terminal I/O 的低级例程将被链接进应用程序。

图 10‐21　Terminal I/O 界面

10.3.10　执行程序到结束

① 选择 Debug→Go 菜单项或工具条上的 Go 按钮。因为只有一个断点,所以程序一直执行到结束。

同时在 Debug Log 界面显示已经到达程序 exit 的消息,如图 10‐22 所示。

② 如果要求复位应用程序,选择 Debug→Reset 菜单项或工具条上的 Reset 按钮。

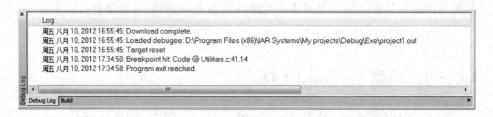

图 10 – 22   Debug Log 界面

③ 如果要退出 C – SPY,选择 Debug→Stop Debugging 菜单项,或工具条上的 Stop Debugging 按钮。

有关如何使用 C – SPY Debug 功能的详细介绍请参见 *IAR Embedded Workbench c – spy Debugging Guide* 手册。

【译者注】 访问下面的链接获得手册 http://www.iar.com/en/Products/IAR – Embedded – Workbench/ARM/User – guides/

附录 **A**

μC /OS – III 移植到 Cortex – M3

本附录介绍了 μC/OS – III 在 Cortex – M3 上的移植。

移植文件位于目录：

\Micrium\Software\uCOS – III\Ports\ARM – Cortex – M3\Generic\IAR

移植需要编写三个文件：os_cpu. h、os_cpu_c. c 和 os_cpu_a. asm。

A – 1   os_cpu. h

os_cpu. h 包含处理器和应用相关的常量、宏及类型定义。os_cpu. h 的代码如清单 A – 1 所示。

```
# ifndef   OS_CPU_H                                        (1)
# define   OS_CPU_H
# ifdef    OS_CPU_GLOBALS                                  (2)
# define   OS_CPU_EXT
# else
# define   OS_CPU_EXT extern
# endif
/ *
* * * * * * * * * * * * * * * * * * * * * * * * * * * * * * * * * * * * * * * * * * *
*                               MACROS
* * * * * * * * * * * * * * * * * * * * * * * * * * * * * * * * * * * * * * * * * * *
* /
# ifndef   NVIC_INT_CTRL
# define   NVIC_INT_CTRL              * ((CPU_REG32 * )0xE000ED04)
```

```
# endif

# ifndef  NVIC_PENDSVSET
# define  NVIC_PENDSVSET         0x10000000
# endif
# define  OS_TASK_SW()           NVIC_INT_CTRL = NVIC_PENDSVSET         (3)
# define  OSIntCtxSw()           NVIC_INT_CTRL = NVIC_PENDSVSET
# if OS_CFG_TS_EN == 1u
# define  OS_TS_GET()            (CPU_TS)CPU_TS_TmrRd()                 (4)
# else
# define  OS_TS_GET()            (CPU_TS)0u
/ *
*************************************************************
*                       PROTOTYPES
*************************************************************
* /
void  OSCtxSw             (void);                                      (5)
void  OSIntCtxSw          (void);
void  OSStartHighRdy      (void);
void  OS_CPU_PendSVHandler    (void);                                  (6)
void  OS_CPU_SysTickHandler   (void);                                  (7)
void  OS_CPU_SysTickInit      (CPU_INT32U cnts);
# endif
```

代码清单 A‑1 os_cpu.h

LA‑1(1)   典型的头文件调用保护,避免重复包含头文件。

LA‑1(2)   OS_CPU_GLOBALS 和 OS_CPU_EXT 允许我们定义移植中需要
           的全局变量。然而,本移植中不包含任何全局变量。因此,包含这
           些语句只是为了保持代码的完整性和一致性。

LA‑1(3)   在 Cortex‑M3 中,任务级的上下文切换和中断级的上下文切换都
           是通过触发 PendSV 异常来实现的。
           PendSV 中断处理程序在文件 os_cpu_a.asm 中实现。

LA‑1(4)   通过调用 CPU_TS_TmrRd() 来获得时间戳。在 Cortex‑M3 中,
           CPU_TS_TmrRd() 将读取一个 32 位自由运行计数器的 DWT_
           CYCCNT 寄存器的值。

LA‑1(5)   μC/OS‑III 函数原型声明。

LA-1(6)　Cortex-M3 处理器专门提供了一个特殊的中断处理程序来实现上下文切换。这就是 PendSV 中断处理程序,由 OS_CPU_PendS-VHandler()函数实现。该函数在文件 os_cpu_a.asm 中。

LA-1(7)　Cortex-M3 为 RTOS 应用提供了一个专用定时器 SysTick。Sy-sTick 定时器初始化代码和中断处理程序位于文件 os_cpu_c.c 中。请注意,由于所有的 Cortex-M3 处理器都提供了 SysTick 定时器,μC/OS-III 以相同的方式实现基于 Cortex-M3 内核的处理器的时钟节拍代码,因此时钟节拍中断处理程序不属于板级支持包(bsp.c),而是作为 μC/OS-III 移植文件的一部分。

A-2　os_cpu_c.c

μC/OS-III 移植需要定义以下函数:

OSIdleTaskHook()

OSInitHook()

OSStatTaskHook()

OSTaskCreateHook()

OSTaslDelHook()

OSTaskReturnHook()

OSTaskStkInit()

OSTaskSwHook()

OSTimeTickHook()

基于 Cortex-M3 的移植还需实现前面所述的两个附加功能函数:

OS_CPU_SysTickHandler()

OS_CPU_SysTickInit()

A-2-1　os_cpu_c.c - OSIdleTaskHook()

空闲任务钩子函数允许移植工程师扩展空闲任务的功能。举例来说,当没有更高优先级的任务运行时,你可以把处理器置于低功耗模式,这在电池供电的应用中特别有用。清单 A-2 显示了 OSIdleTaskHook()的典型代码。

```
void OSIdleTaskHook (void)
{
# if OS_CFG_APP_HOOKS_EN > 0u                                          (1)
    if(OS_AppIdleTaskHookPtr ! = (OS_APP_HOOK_VOID)0){                  (2)
        ( * OS_AppIdleTaskHookPtr)();                                   (3)
    }
# endif
}
```

代码清单 A – 2　　os_cpu_c. c – OSIdleTaskHook()

LA – 2(1)　　通过 OS_CFG_APP_HOOKS_EN 来使能应用级钩子函数。

LA – 2(2)　　如果应用程序开发人员希望自己的函数在空闲任务的每个迭代中被调用,就需要初始化 OS_AppIdleTaskHookPtr 指针的值,指向需要调用的函数。

　　　　　　　请注意,当调用 OSInit()时,μC/OS – III 初始化 OS_AppIdleTask-HookPtr 为 NULL,因此,必须在调用 OSInit()后设置该指针的值。因为空闲任务绝不能被阻塞,所以应用程序钩子函数不能执行任何阻塞调用。换句话说,它不能调用 OSTimeDly(),OSTimeDly-HMSM(),或 OSTaskSuspend()(挂起自己)及任何 OS???Pend()函数。

　　　　　　　应用钩子函数的例子在文件 os_app_hooks. c 中。

LA – 2(3)　　应用级空闲任务钩子函数调用时,不带任何参数。

A – 2 – 2　os_cpu_c. c – OSInitHook()

清单 A – 3 显示了 OSInitHook()的典型代码。

```
void OSInitHook (void)
{
}
```

代码清单 A – 3　　os_cpu_c. c – OSInitHook()

OSInitHook()不允许调用任何应用级的钩子函数。因此,没有应用程序钩子函数指针。这是因为,OSInit()将所有的应用程序钩子指针初始化为 NULL。因此,在 OSInit()返回之前,不可能重新定义应用初始化钩子指针。

A‐2‐3　os_cpu_c. c‐OSStatTaskHook( )

OSTaskStatHook()允许通过添加额外的统计信息,扩展统计任务的功能。在计算总的 CPU 使用率时调用 OSStatTaskHook()(见 os_stat. c 中的 OS_StatTask())。清单 A‐4 显示了 OSStatTaskHook()的典型代码。

```
void OSStatTaskHook (void)
{
#if OS_CFG_APP_HOOKS_EN>0u
    if (OS_AppStatTaskHookPtr ! = (OS_APP_HOOK_VOID)0) {              (1)
        ( * OS_AppStatTaskHookPtr)();                                (2)
    }
#endif
}
```

代码清单 A‐4　os_cpu_c. c‐OSStatTaskHook( )

LA‐4(1)　如果希望 µC/OS‐III 的统计任务(即 OS_StatTask())调用自己的函数,开发人员需要初始化 OS_AppStatTaskHookPtr 指针的值指向需要调用的函数。

请注意,当调用 OSInit()时,µC/OS‐III 初始化 OS_AppStatTask-HookPtr 为 NULL。因此,必须在调用 OSInit( )后设置该指针的值。

应用程序钩子函数不能执行任何阻塞调用,因为它会影响统计任务的行为。应用钩子函数的例子位于文件 os_app_hooks. c 中。

LA‐4(2)　调用应用程序级的统计任务钩子函数时,不带任何参数。

A‐2‐4　os_cpu_c. c‐OSTaskCreateHook( )

当任务创建时,移植工程师有机会通过 OSTaskCreateHook()为移植添加特定的功能代码。OSTaskCreateHook()在 OS_TCB 字段初始化后,任务准备运行之前被调用。清单 A‐5 显示了 OSTaskCreateHook()的典型代码。

```
void OSTaskCreateHook (OS_TCB * p_tcb)
{
#if OS_CFG_APP_HOOKS_EN>0u
    if (OS_AppTaskCreateHookPtr ! = (OS_APP_HOOK_TCB)0) {            (1)
```

```
        ( * OS_AppTaskCreateHookPtr)(p_tcb);                              (2)
    }
#else
    (void)&p_tcb;                   /* Prevent compiler warning */
#endif
}
```

代码清单 A - 5   os_cpu_c. c - OSTaskCreateHook( )

LA - 5(1)   当任务创建时,如果应用程序开发人员希望自己的功能被调用,就
             需要初始化 OS_AppTaskCreateHookPtr 指针的值指向需要调用
             的功能。

             应用钩子函数不能执行任何阻塞调用,并应尽快履行其职能。

             请注意,当调用 OSInit()时,μC/OS - III 初始化 OS_AppTaskCre-
             ateHookPtr 为 NULL。所以必须在 OSInit( )之后设置该指针
             的值。

             应用钩子函数的例子在 os_app_hooks. c 中。

LA - 5(2)   传递创建任务的任务控制块(OS_TCB)地址到应用程序级任务创
             建钩子函数。

A - 2 - 5   os_cpu_c. c - OSTaskDelHook( )

当任务删除时,OSTaskDelHook()为移植工程师提供了添加特定代码到移
植文件的机会。一旦任务从所有链表(就绪表,时钟节拍表或等待链表)中移除,
将调用 OSTaskDelHook()。清单 A - 6 显示了 OSTaskDelHook()的典型代码。

```
void OSTaskDelHook (OS_TCB * p_tcb)
{
#if OS_CFG_APP_HOOKS_EN>0u
    if (OS_AppTaskDelHookPtr != (OS_APP_HOOK_TCB)0) {                    (1)
        ( * OS_AppTaskDelHookPtr)(p_tcb);                               (2)
    }
#else
    (void)&p_tcb;                   /* Prevent compiler warning */
#endif
}
```

代码清单 A - 6   os_cpu_c. c - OSTaskDelHook( )

LA - 6(1)   当任务删除时,如果应用程序开发人员希望自己的功能被调用,就

需要初始化 OS_AppTaskDelHookPtr 指针指向所需的功能函数。

应用程序钩子函数不能执行任何阻塞调用,并应尽快履行其职能。

请注意,当调用 OSInit()后,µC/OS－III 初始化为 OS_AppTask-DelHookPtrOSInit()为 NULL,所以,代码必须在调用 OSInit()后设置该指针的值。

应用钩子函数的例子在 os_app_hooks.c 中。

LA－6(2)　　传递创建任务的任务控制块(OS_TCB)地址到应用程序级任务删除钩子函数。

A－2－6　os_cpu_c.c－OSTaskReturnHook()

在 µC/OS－III 中,任务决不允许返回。但是,如果这种情况"意外"发生,µC/OS－III 将捕捉并删除违规的任务。无论如何,OSTaskDelHook()将在任务被删除之前调用。清单 A－7 显示了 OSTaskReturnHook()的典型代码。

```
void OSTaskReturnHook (OS_TCB * p_tcb)
{
#if OS_CFG_APP_HOOKS_EN>0u
    if (OS_AppTaskReturnHookPtr ! = (OS_APP_HOOK_TCB)0) {          (1)
        ( * OS_AppTaskReturnHookPtr)(p_tcb);                       (2)
    }
#else
    (void)&p_tcb;              / * Prevent compiler warning * /
#endif
}
```

代码清单 A－7　os_cpu_c.c－OSTaskReturnHook()

LA－7(1)　　当任务返回时,如果应用程序开发人员希望自己的功能被调用,就需要初始化 OS_AppTaskReturnHookPtr 指针的值指向所需的功能函数。

应用钩子函数不能执行任何阻塞调用,并应尽快履行其职能。

请注意,当调用 OSInit()后,µC/OS－III 初始化为 OS_AppTaskReturnHookPtr 为 NULL。所以,代码必须在调用 OSInit()后设置该指针的值。

应用钩子函数的例子在 os_app_hooks.c 中。

LA‐7(2)　传递创建任务的任务控制块(OS_TCB)地址到应用程序级任务返回钩子函数。

A‐2‐7　os_cpu_c.c‐OSTaskStkInit()

该函数初始化正在创建的任务的堆栈帧。当 µC/OS‐Ⅲ 创建一个任务时,它使任务的堆栈看起来好像刚发生中断,模拟中断将任务的现场保存到任务堆栈中。OSTaskStkInit()被 OSTaskCreate()调用。清单 A‐8 列出了 Cortex‐M3 上的 OSTaskStkInit()代码。

```
CPU_STK * OSTaskStkInit (OS_TASK_PTR    p_task,                  (1)
                         void          * p_arg,
                         CPU_STK       * p_stk_base,
                         CPU_STK       * p_stk_limit,
                         CPU_STK_SIZE   stk_size,
                         OS_OPT         opt)
{
    CPU_STK * p_stk;


    (void)&opt;
    (void)&p_stk_limit;
    p_stk = &p_stk_base[stk_size];                               (2)
    *--p_stk = (CPU_INT32U)0x01000000L;                          (3)
    *--p_stk = (CPU_INT32U)p_task;                               (4)
    *--p_stk = (CPU_INT32U)OS_TaskReturn;                        (5)
    *--p_stk = (CPU_INT32U)0x12121212L;                          (6)
    *--p_stk = (CPU_INT32U)0x03030303L;
    *--p_stk = (CPU_INT32U)0x02020202L;
    *--p_stk = (CPU_INT32U)p_stk_limit;
    *--p_stk = (CPU_INT32U)p_arg;                                (7)
    *--p_stk = (CPU_INT32U)0x11111111L;                          (8)
    *--p_stk = (CPU_INT32U)0x10101010L;
    *--p_stk = (CPU_INT32U)0x09090909L;
    *--p_stk = (CPU_INT32U)0x08080808L;
    *--p_stk = (CPU_INT32U)0x07070707L;
    *--p_stk = (CPU_INT32U)0x06060606L;
    *--p_stk = (CPU_INT32U)0x05050505L;
    *--p_stk = (CPU_INT32U)0x04040404L;
```

```
        return (p_stk);                                           (9)
    }
```

代码清单 A-8　os_cpu_c.c-OSTaskStkInit()

LA-8(1)　OSTaskStkInit()被 OSTaskCreate()调用,并传递给它 6 个参数:

　　　　1) 任务的入口(即任务的地址)。

　　　　2) 当任务启动时,传递给任务的参数的指针,即 p_arg。

　　　　3) 堆栈存储区域的基地址。通常堆栈被声明为 CPU_STK 类型的
　　　　　数组,如下所示。

```
CPU_STK     MyTaskStk[stk_size];
```

　　　　　在这种情况下,基地址是 MyTaskStk[0]。

　　　　4) 指向堆栈界限地址,假定 CPU 支持堆栈界限检查。如果不支
　　　　　持,该指针不会使用。

　　　　5) 堆栈的大小也将传递给 OSTaskStkInit()。

　　　　6) 最后,OSTaskCreate()的参数"opt"也传递给 OSTaskStkInit(),
　　　　　防止 OSTaskStkInit()特殊选项需要。

LA-8(2)　初始化指向栈顶的本地指针。在 Cortex-M3 中,堆栈从高地址到
　　　　低地址增长,因此,栈顶是堆栈存储区的最高地址。

LA-8(3)　初始化 Cortex-M3 的 PSR 寄存器。设置 PSR"T"位的初始值为
　　　　1,从而使 Cortex-M3 使用 Thumb 指令集。

LA-8(4)　该寄存器对应程序计数器 R15。初始化该寄存器指向任务的入口
　　　　地址。

LA-8(5)　该寄存器对应 R14(链接寄存器),R14 中包含任务的返回地址。如
　　　　前所述,任务不应该返回。因此,该指针允许开发人员捕捉该错误
　　　　并终止该任务。μC/OS-III 提供了函数 OS_TaskReturn()来达到
　　　　该目的。

LA-8(6)　以容易识别的值初始化寄存器 R12、R3、R2 和 R1,使调试器执行内
　　　　存读取时,容易辨别该寄存器。

LA-8(7)　C 编译器使用 R0 寄存器传递函数的第一个参数。任务的原型看起
　　　　来如下所示。

```
void MyTask (void * p_arg);
```

　　　　在本例中,简单的将"p_arg"传递给 R0,因此任务启动时,它会认为
　　　　是被其他函数调用的。

LA‐8(8)　按寄存器的编号初始化寄存器 R11、R10、R9、R8、R7、R6、R5 和 R4 的值,使调试器执行内存读取时,容易识别该寄存器。

LA‐8(9)　注意,当最后一个寄存器压栈后,堆栈指针并没有递减。这是因为 Cortex‐M3 假设堆栈指针指向最后一个压栈的元素。

　　OSTaskStkInit()返回新的栈顶指针给 OSTaskCreate(),OSTa-skCreate()将该值保存到任务控制块 OS_TCB 的 .StkPtr 字段。

创建任务的堆栈帧如图 A‐1 所示。

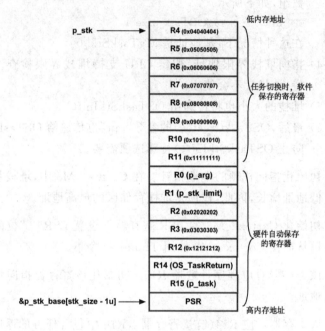

图 A‐1　任务的堆栈帧

A‐2‐8　os_cpu_c. c‐OSTaskSwHook()

当 μC/OS‐III 执行上下文切换时,调用 OSTaskSwHook()。事实上,被挂起任务的现场保存后,才调用 OSTaskSwHook(),中断被关闭时也调用 OSTa-skSwHook()。

清单 A‐9列出了 OSTaskSwHook()的代码。这个函数比较复杂,包含了很多条件编译。

```
void OSTaskSwHook (void)
```

```
{
# if OS_CFG_TASK_PROFILE_EN > 0u
    CPU_TS      ts;
# ifdef CPU_CFG_INT_DIS_MEAS_EN
    CPU_TS      int_dis_time;
# endif
# endif
# if OS_CFG_APP_HOOKS_EN > 0u
    if (OS_AppTaskSwHookPtr ! = (OS_APP_HOOK_VOID)0) {          (1)
        ( * OS_AppTaskSwHookPtr)();                             (2)
    }
# endif
# if OS_CFG_TASK_PROFILE_EN > 0u
    ts = OS_TS_GET();                                           (3)
    if (OSTCBCurPtr ! = OSTCBHighRdyPtr) {
        OSTCBCurPtr - >CyclesDelta = ts - OSTCBCurPtr - >CyclesStart;
        OSTCBCurPtr - >CyclesTotal + = (OS_CYCLES)OSTCBCurPtr - >CyclesDelta;
    }
    OSTCBHighRdyPtr - >CyclesStart = ts;                        (4)
# ifdef CPU_CFG_INT_DIS_MEAS_EN
    int_dis_time = CPU_IntDisMeasMaxCurReset();                 (5)
    if (int_dis_time > OSTCBCurPtr - >IntDisTimeMax) {
        OSTCBCurPtr - >IntDisTimeMax = int_dis_time;
    }
# if OS_CFG_SCHED_LOCK_TIME_MEAS_EN > 0u
    if (OSSchedLockTimeMaxCur > OSTCBCurPtr - >SchedLockTimeMax) {   (6)
        OSTCBCurPtr - >SchedLockTimeMax = OSSchedLockTimeMaxCur;
    }
    OSSchedLockTimeMaxCur = (CPU_TS)0;
# endif
# endif
# endif
}
```

代码清单 A – 9 os_cpu_c. c – OSTaskSwHook( )

LA – 9(1)　当任务切换时,如果应用程序开发人员希望自己的功能被调用,就
　　　　　　需要初始化 OS_AppTaskSwHookPtr 指针的值指出向所需的功能
　　　　　　函数。

　　　　　　应用钩子函数不能执行任何阻塞调用,并应尽快履行其职能。

请注意,当调用 OSInit() 时,μC/ OS‑Ⅲ 初始化 OS_AppTask-
SwHookPtr 为 NULL,因此,必须在调用 OSInit() 后设置该指针
的值。

应用钩子函数的例子在 os_app_hooks.c 中。

LA‑9(2)　应用程序级的任务切换钩子函数调用时,不传递任何参数。然而,
μC/OS‑Ⅲ 的全局变量 OSTCBCurPtr 和 OSTCBHighRdyPtr 将
分别指向被抢占的任务和将要执行的任务的任务控制块 OS_TCB。

LA‑9(3)　此代码测量每个任务的执行时间。它将用于统计任务,用来计算每
个任务的相对 CPU 使用率(百分比)。

　　如果任务分析使能(即 OS_CFG_TASK_PROFILE_EN 设置为 1),
那么我们将获得当前时间戳。切换到一个新任务时,我们简单地计
算被抢占任务的运行时间,然后,将该值加到任务控制块 OS_TCB
的 .CyclesTotal 字段(64 位)。

LA‑9(4)　OSTaskSwHook() 存储读取的时间戳,作为新任务开始的时间。

　　请注意,每个任务的执行时间也包括任务执行时产生中断的执行时
间。可以减去中断的执行时间,但这需要更多的 CPU 开销。

LA‑9(5)　如果 CPU_CFG_INT_DIS_MEAS_EN 设置为 1,μC/CPU 将测量
每个任务关中断的时间。代码简单的检测每个任务的最大中断禁
止时间,存储在被抢占任务的任务控制块 OS_TCB 的 .IntDisTime-
Max 字段。

LA‑9(6)　如果 OS_CFG_SCHED_LOCK_TIME_MEAS_EN 设置为 1,μC/
OS‑Ⅲ 将跟踪任务临界段锁调度器的最大时间。该值保存在被抢
占任务的任务控制块 OS_TCB 中的 .SchedLockTimeMax 字段。

A‑2‑9　os_cpu_c.c‑OSTimeTickHook()

　　OSTimeTickHook() 为移植工程师在 OSTimeTick() 中添加代码提供了机
会。OSTimeTickHook() 在节拍中断服务程序中调用,因此该函数不能执行任
何阻塞调用,且必须尽快执行。清单 A‑10 列出了 OSTimeTickHook() 的那些
代码。

```
void OSTimeTickHook (void)
{
```

```
# if OS_CFG_APP_HOOKS_EN > 0u
    if (OS_AppTimeTickHookPtr ! = (OS_APP_HOOK_VOID)0) {               (1)
        ( * OS_AppTimeTickHookPtr)();                                  (2)
    }
# else
    (void)&p_tcb;              /* Prevent compiler warning * /
# endif
}
```

代码清单 A – 10   os_cpu_c. c – OSTimeTickHook( )

LA – 10(1)   当节拍中断发生时,如果应用程序开发人员希望自己的功能被调
用,他需要初始化 OS_AppTimeTickHookPtr 指针的值指向所需
的功能。

请注意,调用 OSInit( )后,μC/OS – III 初始化为 OS_ AppTime-
TickHookPtr 为 NULL,因此必须在调用 OSInit( )后设置该指针
的值。

应用钩子函数的例子在 os_app_hooks. c 中。

LA – 10(2)   应用级的时间节拍钩子函数调用时,不传递任何参数。

A – 2 – 10   os_cpu_c. c – OS_CPU_SysTickHandler( )

如果中断使能,SysTick 中断发生时,Cortex – M3 将自动调用 OS_CPU_
SysTickHandler( )。为了做到这一点,OS_CPU_SysTickHandler( )的地址必须
放置在中断向量表 SysTick 的入口处(Cortex – M3 向量表的第 16 项)。清单
A – 11列出了 Cortex – M3 上 OS_CPU_SysTickHandler( )的代码 。

```
void OS_CPU_SysTickHandler (void)                                      (1)
{
    CPU_SR_ALLOC();

    CPU_CRITICAL_ENTER();
    OSIntNestingCtr + +;                                              (2)
    CPU_CRITICAL_EXIT();
    OSTimeTick();                                                     (3)
    OSIntExit();                                                      (4)
}
```

代码清单 A – 11   os_cpu_c. c – OS_CPU_SysTickHandler( )

LA – 11(1)   当 Cortex – M3 进入中断时,CPU 会自动保存关键寄存器(R0、

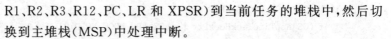

R1、R2、R3、R12、PC、LR 和 XPSR)到当前任务的堆栈中,然后切换到主堆栈(MSP)中处理中断。

这意味着当中断发生时,寄存器 R4～R11 没有保存,ARM 体系结构的过程调用标准(AAPCS)要求所有中断处理程序必须保存剩余寄存器的值,防止他们在 ISR 中被使用。

LA‐11(2)　因为 SysTick 中断处理程序可能被更高优先级的中断打断,在临界段中增加中断嵌套计数器。

LA‐11(3)　μC/OS‐III 的节拍中断需要调用 OSTimeTick()。

LA‐11(4)　每个中断处理程序结束时必须调用 OSIntExit()。

A‐2‐11　os_cpu_c.c‐OS_CPU_SysTickInit()

在应用程序代码中调用 OS_CPU_SysTickInit()来初始化 SysTick 中断。清单 A‐12 列出了 Cortex‐M3 上 OS_CPU_SysTickInit()的代码

```
void OS_CPU_SysTickInit (CPU_INT32U cnts)                            (1)
{
    CPU_REG_NVIC_ST_RELOAD = cnts - 1u;                             (1)
    CPU_REG_NVIC_SHPRI3   |= 0xFF000000u;                           (2)
    CPU_REG_NVIC_ST_CTRL |= CPU_REG_NVIC_ST_CTRL_CLKSOURCE
                            |CPU_REG_NVIC_ST_CTRL_ENABLE;
    CPU_REG_NVIC_ST_CTRL |= CPU_REG_NVIC_ST_CTRL_TICKINT;
}
```

代码清单 A‐12　os_cpu_c.c‐OS_CPU_SysTickInit()

LA‐12(1)　OS_CPU_SysTickInit()必须知道 SysTick 定时器的重载计数值。重载计数值取决于 CPU 的时钟频率和配置的节拍速率(即 os_cfg_app.h 中的 OS_CFG_TICK_RATE_HZ)。

通常在第一个运行的应用任务中计数重载值,如下:

```
cpu_clk_freq = BSP_CPU_ClkFreq();
cnts         = cpu_clk_freq/(CPU_INT32U)OS_CFG_TICK_RATE_HZ;
```

BSP_CPU_ClkFreq()是 bsp.c 中的函数,用来返回 CPU 的时钟频率。然后通过节拍速率计算重载计数值。

LA‐12(2)　由于节拍通常用于不精确的延时和超时计算,并且我们希望优先处理应用中断,因此 SysTick 中断设置为最低优先级。

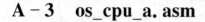

A－3   os_cpu_a. asm

OS_CPU_A. ASM 包含特定处理器相关的三个函数代码，必须以汇编语言
实现：OSStartHighRdy()、OSCtxSw() 和 OSIntCtxSw()。此外，Cortex－M3
还需要定义 PendSV 异常处理函数 OS_CPU_PendSVHandler()。

A－3－1   os_cpu_a. asm－OSStartHighRdy()

OSStartHighRdy() 被 OSStart() 调用，用来启动多任务环境。μC/OS－III
将切换到就绪的最高优先任务。清单 A－13 列出了 Cortex－M3 上 OS-
StartHighRdy() 的代码。

```
OSStartHighRdy
    LDR     R0, = NVIC_SYSPRI14                          (1)
    LDR     R1, = NVIC_PENDSV_PRI
    STRB    R1, [R0]
    MOVS    R0, #0
    MSR     PSP, R0
    LDR     R0, = NVIC_INT_CTRL                          (2)
    LDR     R1, = NVIC_PENDSVSET
    STR     R1, [R0]
    CPSIE   I                                           (3)
OSStartHang
    B       OSStartHang                                 (4)
```

代码清单 A－13   os_cpu_a. asm－OSStartHighRdy()

LA－13(1)   OSStartHighRdy() 首先设置 PendSV 中断处理程序的优先级。
PendSV 处理程序用来执行所有的上下文切换，始终设为最低优
先级。因此，它将再最后嵌套的 ISR 完成之后执行。

LA－13(2)   软件"触发"PendSV 中断处理程序。然而，PendSV 不会立即执
行，因为中断是关闭的。

LA－13(3)   使能中断，这将导致 Cortex－M3 处理器跳转到 PendSV 处理程序
（稍后介绍）。

LA－13(4)　　PendSV 处理程序将控制权传递给创建的优先级最高的任务,代码永远不会返回 OSStartHighRdy()。

A－3－2　os_cpu_a. asm－OSCtxSw( ) and OSIntCtxSw( )

OSCtxSw()被 OSSched()调用,OS_Sched0()执行任务级的上下文切换。OSIntCtxSw()被 OSIntExit()调用,在中断服务 ISR 完成后,执行上下文切换。这些函数只是"触发"PendSV 中断处理程序,并不执行真正的上下文切换。清单 A－14 显示了 Cortex－M3 上 OSCtxSw()和 OSIntCtxSw()的代码。

```
OSCtxSw

    LDR     R0, = NVIC_INT_CTRL
    LDR     R1, = NVIC_PENDSVSET
    STR     R1, [R0]
    BX      LR

OSIntCtxSw

    LDR     R0, = NVIC_INT_CTRL
    LDR     R1, = NVIC_PENDSVSET
    STR     R1, [R0]
    BX      LR
```

代码清单 A－14　os_cpu_a. asm－OSCtxSw( )和 OSIntCtxSw( )

A－3－3　os_cpu_a. asm－OS_CPU_PendSVHandler( )

OS_CPU_PendSVHandler()用于在任务中,或在完成中断服务 ISR 后,执行上下文切换。OS_CPU_PendSVHandler()被 OSStartHighRdy()、OSCtxSw()和 OSIntCtxSw()调用。清单 A－15 显示了 Cortex－M3 中 OS_CPU_PendSVHandler()的代码。

```
OS_CPU_PendSVHandler

    CPSID       I                                           (1)
    MRS         R0, PSP                                     (2)
    CBZ         R0, OS_CPU_PendSVHandler_nosave
    SUBS        R0, R0, ♯ 0x20                              (3)
    STM         R0, {R4 - R11}
    LDR         R1, = OSTCBCurPtr                           (4)
    LDR         R1, [R1]
```

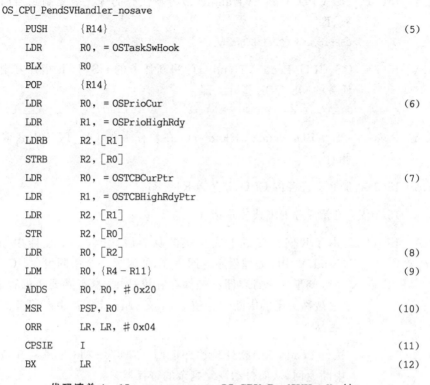

```
         STR       R0, [R1]


OS_CPU_PendSVHandler_nosave
         PUSH      {R14}                              (5)
         LDR       R0, = OSTaskSwHook
         BLX       R0
         POP       {R14}
         LDR       R0, = OSPrioCur                    (6)
         LDR       R1, = OSPrioHighRdy
         LDRB      R2, [R1]
         STRB      R2, [R0]
         LDR       R0, = OSTCBCurPtr                  (7)
         LDR       R1, = OSTCBHighRdyPtr
         LDR       R2, [R1]
         STR       R2, [R0]
         LDR       R0, [R2]                           (8)
         LDM       R0, {R4 – R11}                     (9)
         ADDS      R0, R0, ♯0x20
         MSR       PSP, R0                            (10)
         ORR       LR, LR, ♯0x04
         CPSIE     I                                  (11)
         BX        LR                                 (12)
```

代码清单 A – 15　os_cpu_a. asm – OS_CPU_PendSVHandler( )

LA – 15(1)　因为在上下文切换时,不能产生中断,因此 OS_CPU_PendS-VHandler()首先禁止所有的中断。

LA – 15(2)　如果 PendSV 是第一次被调用,将跳过保存余下的 8 个寄存器的代码。换句话说,当 OSStartHighRdy()触发 PendSV 中断处理程序时,由于没有被抢占的任务,不需要保存"前面任务"的现场。

LA – 15(3)　如果 OS_CPU_PendSVHandler()被 OSCtxSw()或 OSIntCtxSw()调用,PendSV 中断处理程序将保存剩余的 8 个 CPU 寄存器(R4~R11)到被抢占的任务的堆栈。

LA – 15(4)　OS_CPU_PendSVHandler()保存被抢占的任务堆栈指针到该任务的任务控制块 OS_TCB 中。注意 OS_TCB 的第一个字段是. StkPtr(任务的堆栈指针),因此不需要计算偏移。这使得汇编语言代码可以方便地访问任务的堆栈指针。

LA - 15(5)　　调用任务切换钩子函数(OSTaskSwHook())。

LA - 15(6)　　OS_CPU_PendSVHandler()将新任务的优先级复制到当前优先级,即:

```
OSPrioCur = OSPrioHighRdy;
```

LA - 15(7)　　OS_CPU_PendSVHandler()将新任务的 OS_TCB 指针复制当前任务的 OS_TCB 指针。即:

```
OSTCBCurPtr = OSTCBHighRdyPtr;
```

LA - 15(8)　　OS_CPU_PendSVHandler()在新任务的 OS_TCB 中获取堆栈指针。

LA - 15(9)　　加载新任务的 CPU 寄存器 R4 - R11。

LA - 15(10)　　更新任务的堆栈栈顶指针。

LA - 15(11)　　由于我们已完成下文切换的临界段代码,重新使能中断。在 PendSV 中断处理程序返回之前,如果另一个中断发生,Cortex - M3 知道 8 个寄存器已经保存在堆栈中,没有必要再保存它们,这被称为尾链中断。它使 Cortex - M3 背靠背中断服务的效率更高。

LA - 15(12)　　执行 PendSV 中断处理程序返回,Cortex - M3 处理器知道是从中断返回,从而自动恢复剩余的寄存器。

附录 **B**

μC /CPU 移植到 Cortex – M3

μC/CPU 包含 CPU 相关的功能封装文件及编译器相关的数据类型定义。附录 B 介绍了 Cortex – M3 上与 μC/OS – III 相关的 μC/CPU 移植。

注意,每个变量、函数、常量和宏名称都带有前缀 CPU_,当被其他模块或应用程序代码调用时,可以很方便地确定它们属于 μC/CPU 模块。

可以在以下三个目录找到 μC/CPU 相关的文件:

```
\Micrium\Software\uC – CPU\cpu_core.c
\Micrium\Software\uC – CPU\cpu_core.h
\Micrium\Software\uC – CPU\cpu_def.h
\Micrium\Software\uC – CPU\Cfg\Template\cpu_cfg.h
\Micrium\Software\uC – CPU\ARM – Cortex – M3\IAR\cpu.h
\Micrium\Software\uC – CPU\ARM – Cortex – M3\IAR\cpu_a.asm
\Micrium\Software\uC – CPU\ARM – Cortex – M3\IAR\cpu_c.c
```

B – 1 cpu_core.c

cpu_core.c 包含适用于所有 CPU 架构的 C 代码,这个文件不能修改。具体来说,cpu_core.c 包含允许 μC/OS – III 和应用程序获取时间戳的代码,测量中断禁止时间的宏 CPU_CRITICAL_ENTER() 和 CPU_CRITICAL_EXIT() 的代码,及模拟 Count Leading Zeros(CLZ)指令(如果处理器没有内置该指令)的函数,及一些其他功能。

应用程序代码在调用 μC/CPU 的功能之前,必须调用 CPU_Init()。该函数可放置在 main() 函数中,在 μC/OS – III 的 OSInit() 之前调用。

B‑2 cpu_core. h

cpu_core. h 包含 cpu_core. c 实现的函数的原型，以及用来测量中断禁止时间变量的定义。此文件不得修改。

B‑3 cpu_def. h

cpu_def. h 包含 μC/CPU 模块中使用的常量杂项的定义，用户不能修改该文件。

B‑4 cpu_cfg. h

cpu_cfg. h 包含一个实际项目的 μC/CPU 配置模板。cpu_cfg. h 决定是否使能中断禁止时间测量，CPU 是否支持用汇编语言实现前导零计数指令或者用 C 模拟等。

复制 cpu_cfg. h 到项目的应用程序目录，如果必要，修改这个文件，这需要访问 μC/CPU 的源代码。μC/OS‑III 的授权用户可以获取 μC/CPU 的源代码。

清单 B‑1 列出了 Cortex‑M3 上 μC/CPU 的推荐配置。

```
#define CPU_CFG_NAME_EN                    DEF_ENABLED          (1)
#define CPU_CFG_NAME_SIZE                  16u                  (2)
#define CPU_CFG_TS_EN                      DEF_ENABLED          (3)
#define CPU_CFG_INT_DIS_MEAS_EN            DEF_ENABLED          (4)
#define CPU_CFG_INT_DIS_MEAS_OVRHD_NBR     1u                   (5)
#define CPU_CFG_LEAD_ZEROS_ASM_PRESENT     DEF_ENABLED          (6)
```

代码清单 B‑1 cpu_cfg. h 推荐值

LB‑1(1) 通过调用 CPU_NameSet() 为 CPU 指定一个 ASCII 名称。这对调

试非常有用。

LB-1(2)   除非改变该值,否则限制 CPU 的名称为 15 个字符加一个 NULL。

LB-1(3)   本定义使能测量时间戳的代码。μC/OS-III 需要该功能,应始终设
置为使能状态 DEF_ENABLED。

LB-1(4)   该定义决定是否使能中断禁止时间测量。该功能在开发过程中非
常有用,但测量中断禁止时间增加了测量消耗(即负载)。因此,在
产品发布时,可能会关闭该功能。

LB-1(5)   该定义决定当测量中断禁止时间增加的负载时,执行的迭代次数。
对于 Cortex-M3,建议值是 1。

LB-1(6)   Cortex-M3 的 ARMv7 指令集包含一个前导零计数(CLZ)指令,它
显著提高了 μC/OS-III 调度器的性能。因此,此选项总是使能。

B-5   bsp. c 中的 μC/CPU 函数

μC/CPU 还需要两个板级支持包(bsp. c)相关的函数:CPU_TS_TmrInit()
和 CPU_TS_TmrRd()。这些函数通常在评估板或目标板的 bsp. c 中实现。

Cortex-M3 的调试监视跟踪(DWT)模块包含一个 32 位的 CPU 周期计数
器(CYCCNT),μC/CPU 可使用它来标记时间。32 位计数器按 CPU 的时钟速
率递增,可以提供精确的时间测量精度。计数到 4 294 967 296 个 CPU 时钟周
期后,CYCCNT 会溢出并复位为 0。由于 μC/CPU 用两个 32 位值保存 64 位的
时间戳,因此溢出可以解释。然而,在 μC/OS-III 中,我们只需要低 32 位,因为
它已经提供了 μC/OS-III 操作时间所需要的分辨率。

一个 64 位的时间戳在产品的生命周期内不断溢出的可能性不大。例如,如
果 Cortex-M3 主频为 1 GHz(目前不可能达到),64 位的时间戳将在约 585 年
后溢出。

B-5-1   bsp. c, CPU_TS_TmrInit()中的 μC/CPU 函数

清单 B-2 显示了如何初始化 DWT 的周期计数器。

```
# if (CPU_CFG_TS_TMR_EN == DEF_ENABLED)
```

```
CPU_INT16U CPU_TS_TmrInit (void)
{
    DEM_CR      | = (CPU_INT32U)DEM_CR_TRCENA;              (1)
    DWT_CYCCNT = (CPU_INT32U)0;
    DWT_CR      | = (CPU_INT32U)0x00000001;                 (2)
    return ((CPU_INT16U)0);                                 (3)
}
# endif
```

代码清单 B - 2   bsp. c, CPU_TS_TmrInit( )

LB - 2(1)   使能跟踪模块。

LB - 2(2)   初始化 DWT 的控制寄存器(DWT_CR)的 CYCCNT 位为 0。读—
            修改—写操作可以避免改变 DWT_CR 的其他位。

LB - 2(3)   为了使 CPU_TS_TmrRd( )(如下所述)返回 32 位值,CPU_TS_
            TmrInit( )需要返回左移位数。由于 CYCCNT 已经是一个 32 位的
            计数器,不需移位,因此该值为 0。

B - 5 - 2   bsp. c 中的 μC /CPU 函数,CPU_TS_TmrRd( )

通过调用 CPU_TS_TmrRd( )读取 DWT 的 CYCCNT 寄存器。函数实现
如清单 B - 3 所示。

```
# if (CPU_CFG_TS_TMR_EN == DEF_ENABLED)
CPU_TS CPU_TS_TmrRd (void)
{
    return ((CPU_TS)DWT_CYCCNT);
}
# endif
```

代码清单 B - 3   bsp. c, CPU_TS_TmrInit( )

B - 6   cpu. h

cpu. h 包含处理器和应用相关的常量、宏定义及类型声明。

B – 6 – 1　cpu. h – ♯ defines

cpu. h 声明了处理器相关的常量和宏定义。与 μC /OS – III 相关的主要定义如清单 B – 4 所示。

```
♯ define CPU_CFG_STK_GROWTH            CPU_STK_GROWTH_HI_TO_LO        (1)
♯ define CPU_CFG_LEAD_ZEROS_ASM_PRESENT                               (2)
♯ define CPU_SR_ALLOC()               CPU_SR cpu_sr = (CPU_SR)0;      (3)
♯ define CPU_CRITICAL_ENTER()         { cpu_sr = CPU_SR_Save(); }     (4)
♯ define CPU_CRITICAL_EXIT()          { CPU_SR_Restore(cpu_sr);}      (5)
```

代码清单 B – 4　cpu. h，♯ defines

LB – 4(1)　该定义指定 Cortex – M3 堆栈从高内存到低内存地址增长。

LB – 4(2)　该定义表明,在 Cortex – M3 中,通过汇编语言指令计算一个数据字中的前导零个数。此功能显著的加速了 μC/OS – III 的调度算法。

LB – 4(3)　在禁止中断保护临界段代码的函数中,通过该宏分配一个局部变量。CPU_SR_ALLOC() 在 μC/OS – III 的用法如下:

```
void OSFunction (void)
{
    CPU_SR_ALLOC();

    CPU_CRITICAL_ENTER();
    /* Code protected by critical section */
    CPU_CRITICAL_EXIT();

    :
}
```

如果我们只声明单一变量,可能不需要使用宏,但实际上在 cpu. h 中的代码稍微复杂,采用宏的方式可对用户隐藏这种复杂性。

LB – 4(4)　μC/OS – III 调用 CPU_CRITICAL_ENTER() 来禁止中断。如示,宏再调用 cpu_a. asm(稍后介绍)中定义的 CPU_SR_Save()。CPU_SR_Save() 首先保存 Cortex – M3 的 PSR 寄存器的当前状态,然后禁用中断。保存的 PSR 值返回给调用 CPU_CRITICAL_ENTER() 的函数。PSR 保存在 CPU_SR_ALLOC() 分配的局部变量中。由于 C 无法访问 CPU 寄存器,所以 CPU_SR_Save() 用汇编语言实现。

LB-4(5)　　CPU_CRITICAL_EXIT()调用函数 CPU_SR_Restore()(见 cpu_a. asm)来恢复以前保存的 PSR 的状态。首先保存 PSR 的原因是调用 CPU_CRITICAL_ENTER()之前,中断可能已被禁用,当退出临界段时,我们希望保持中断禁止状态。如果调用 CPU_CRITICAL_ENTER()之前中断已使能,CPU_CRITICAL_EXIT()将重新使能中断。

B-6-2　cpu.h-数据类型

Micriμm 不使用标准的 C 数据类型。而是声明更直观的数据类型以便于移植。此外,所有的数据类型遵循 Micriμm 的编码标准,以大写字母方式声明。

清单 B-5 列出了 Micriμm 在 Cortex-M3 上所使用的具体的数据类型(假设 IAR C 编译器)。

```
typedef            void      CPU_VOID;
typedef            char      CPU_CHAR;     /* 8 - bit character        */(1)
typedef   unsigned char      CPU_BOOLEAN; /* 8 - bit boolean or logical */(2)
typedef   unsigned char      CPU_INT08U;   /* 8 - bit unsigned integer  */(3)
typedef     signed char      CPU_INT08S;   /* 8 - bit signed integer    */
typedef   unsigned short     CPU_INT16U;   /* 16 - bit unsigned integer */
typedef     signed short     CPU_INT16S;   /* 16 - bit signed integer   */
typedef   unsigned int       CPU_INT32U;   /* 32 - bit unsigned integer */
typedef     signed int       CPU_INT32S;   /* 32 - bit signed integer   */
typedef   unsigned long long CPU_INT64U;   /* 64 - bit unsigned integer */(4)
typedef     signed long long CPU_INT64S;   /* 64 - bit signed integer   */
typedef            float     CPU_FP32;     /* 32 - bit floating point   */(5)
typedef            double    CPU_FP64;     /* 64 - bit floating point   */
typedef   volatile CPU_INT08U CPU_REG08;   /*  8 - bit register         */
typedef   volatile CPU_INT16U CPU_REG16;   /* 16 - bit register         */
typedef   volatile CPU_INT32U CPU_REG32;   /* 32 - bit register         */
typedef   volatile CPU_INT64U CPU_REG64;   /* 64 - bit register         */
typedef            void      ( * CPU_FNCT_VOID)(void);
typedef            void      ( * CPU_FNCT_PTR )(void * );
```

代码清单 B-5　cpu.h, Data Types

LB-5(1)　　假定在 Cortex-M3 中,字符长度为 8 位。

LB-5(2)　　声明布尔型变量通常比较方便。ANSI C 中没有定义位变量,尽管布尔值只能是 0 或 1,但仍需占用一个字节长度。

LB - 5(3)　　声明 8 位,16 位和 32 位长度的有符号和无符号的整型数据。

LB - 5(4)　　μC/OS - III 要求编译器定义 64 位数据类型,用来计算每一个任务的 CPU 使用率。当在 os_type.h 中声明 OS_CYCLES 时,使用 64 位的数据类型。

LB - 5(5)　　大多数 Micriμm 的软件不使用浮点值。声明这些数据类型是为了保持代码的一致性,为应用程序开发人员提供可移植的数据类型。

```
#define    CPU_CFG_ADDR_SIZE       CPU_WORD_SIZE_32                    (6)
#define    CPU_CFG_DATA_SIZE       CPU_WORD_SIZE_32
#if        (CPU_CFG_ADDR_SIZE == CPU_WORD_SIZE_32)
typedef    CPU_INT32U              CPU_ADDR;
#elif      (CPU_CFG_ADDR_SIZE == CPU_WORD_SIZE_16)
typedef    CPU_INT16U              CPU_ADDR;
#else
typedef    CPU_INT08U              CPU_ADDR;
#endif
#if        (CPU_CFG_DATA_SIZE == CPU_WORD_SIZE_32)
typedef    CPU_INT32U              CPU_DATA;
#elif      (CPU_CFG_DATA_SIZE == CPU_WORD_SIZE_16)
typedef    CPU_INT16U              CPU_DATA;
#else
typedef    CPU_INT08U              CPU_DATA;
#endif
typedef    CPU_DATA                CPU_ALIGN;
typedef    CPU_ADDR                CPU_SIZE_T;
typedef    CPU_INT16U              CPU_ERR;
typedef    CPU_INT32U              CPU_STK;                            (7)
typedef    CPU_ADDR                CPU_STK_SIZE;
typedef    CPU_INT32U              CPU_SR;                             (8)
```

代码清单 B - 6　(B - 5 的继续)

LB - 6(6)　　杂项类型声明。

LB - 6(7)　　CPU_STK 声明 CPU 堆栈入口宽度,在 Cortex - M3 上为 32 位。所有的 μC/OS - III 堆栈必须使用 CPU_STK 声明。

LB - 6(8)　　μC/ CPU 提供了通过禁止中断保护临界段的代码。它通过 CPU_CRITICAL_ENTER()和 CPU_CRITICAL_EXIT()实现。当调用

CPU_CRITICAL_ENTER()时，Cortex－M3 的程序状态寄存器（PSR）的当前值被保存在一个局部变量中，当调用 CPU_CRITI-CAL_EXIT()时可以恢复 PSR 的值。保存 PSR 的局部变量声明为 CPU_SR 类型。

B－6－3 cpu. h －函数原型

cpu. h 还包含一些函数原型声明。与 μC/OS－III 相关的最主要的原型如清单 B－7 所示。

```
CPU_SR        CPU_SR_Save        (void);
void          CPU_SR_Restore     (CPU_SR    cpu_sr);
CPU_DATA      CPU_CntLeadZeros   (CPU_DATA    val);
```

代码清单 B－7 cpu. h, Data Type

B－7 cpu_a. asm

cpu_a. asm 包含 μC/CPU 提供的汇编语言函数。μC/OS－III 特别重要的三个函数如代码清单 B－8 所示。

CPU_SR_Save()读取 Cortex－M3 当前的 PSR 值，然后关闭所有 CPU 中断。保存的 PSR 值返回给调用函数。

相反，CPU_SR_Restore()恢复 PSR 的值，并将其值传递给 CPU_SR_Re-stored()作为参数。

CPU_CntLeadZeros()计算从最高位开始的零的个数。由于 ARMv7 指令集包含该功能，此函数用汇编语言实现。

在下面的所有函数中，R0 包含传递给函数的值，以及返回值。

```
CPU_SR_Save
      MRS    R0, PRIMASK
      CPSID  I
      BX     LR
```

```
CPU_SR_Restore
        MSR     PRIMASK, R0
        BX      LR


CPU_CntLeadZeros
        CLZ     R0, R0
        BX      LR
```

代码清单 B - 8   cpu_a. asm

附录 C

IAR 公司 IAR Embedded Workbech for ARM

IAR Embedded Workbench(IAR EW)是一套针对嵌入式应用的先进且易用的开发工具,它将 IAR C/C++编译、汇编、连接、文本编辑、项目管理和 C-SPY 调试器集成在一个集成开发环境中(IDE)。

IAR EW 内建了指定芯片(chip-specific)代码优化器。IAR EW 可生成针对 ARM 设备的高效和可靠的 Flash/ROM 代码。除了这些强大的技术外,IAR System 还提供专业的、全球范围的技术支持。

IAR EW KickStart 版本是一个免费版本,在使用上没有时间限制。KickStart 工具是读者开始一个小的应用,或者开始一个新项目的理想选择。您仅仅需要注册一下,获得一个授权许可(License key)就可以使用了。使用 IAR EW KickStart 版本可以运行本书提供的例子。

KickStart 是一个代码尺寸有限制的版本,但是功能是完整的,包括了项目管理、编辑、编译、汇编、连接、库和调试工具。还有一本 PDF 版本的用户手册。

KickStart 版本与最新的全功能 IAR EW 版本是一致的,除了下面的特性:

➢ 代码尺寸的限制(32 KB)
➢ 运行库没有包含源代码
➢ 不支持 MISRA C
➢ 有限的技术支持

C－1　IAR Embedded Workbench for ARM （IAR EWARM)的特点

全功能的 IAR EWARM 具有以下特点：

➢ 支持：
  ● Cortex－A5/7/8/9/15
  ● Cortex－R4(F)/5/7
  ● Cortex－M0/0＋/1/3/4(F)
  ● ARM11
  ● ARM9E(ARM926EJ－S、ARM946E－S、ARM966E－S 和 ARM968E－S)
  ● ARM9(ARM9TDMI、ARM920T、ARM922T 和 ARM940T)
  ● ARM7(ARM7TDMI、ARM7TDMI－S 和 ARM720T)
  ● ARM7E (ARM7EJ－S)
  ● SecurCore (SC000、SC100、SC110、SC200、SC210 和 SC300)
  ● XScale
➢ 更加有效率和紧缩的代码
➢ ARM 嵌入式应用二进制接口(EABI)
➢ 扩展支持硬件和 RTOS 识别(RTOS－aware)调试
➢ ARM 完整方案
➢ 新的 Cortex－M3 调试特性
➢ 功能剖析(Function Profiler)
➢ 中断曲线窗口(Interrupt Graph Window)
➢ 数据记录窗口
➢ 支持 MISRA C:2004
➢ 扩展设备支持
➢ 超过 1 400 个示范项目
➢ C－SPU 调试器内置了 μC/OS－III 内核识别(Kernel Awareness)
EWARM 主要的结构框图如图 C－1 所示。

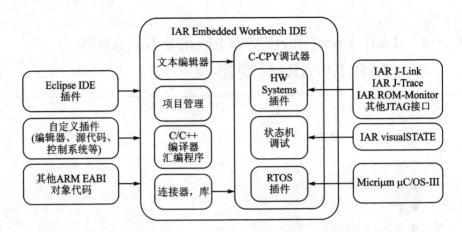

图 C-1 IAR Embedded Workbench

C-2 模块和可扩展的 IDE

> 一个无缝的集成开发环境(IDE),可以构建和调试嵌入式应用
> 强大的项目管理,允许多项目在一个工作空间进行
> 集成了 IAR visualSTATE
> 树状的项目展示方式
> 软件狗和浮动的 Windows 系统授权许可管理方式
> 智能的源代码浏览
> 工具的配置,可以选择源代码文件,全局或者小组,或者个人方式
> 支持多文件汇编,更好的代码优化
> 通过 batch build,pre/post-bulid 或者用户 build 的灵活项目构建方式, 在构建过程还允许使用外部工具
> 集成了源代码控制系统(Source Code Control System),如图 C-2 所示

【译者注】 IAR visualSTATE 是 IAR Systems 公司的一套开发工具软件。包括图形设计器,测试工具包,代码生成器和文档生成器,用于设计、测试和实现基于状态图设计的嵌入式应用。

树状的项目显示　　源代码控制系统整合

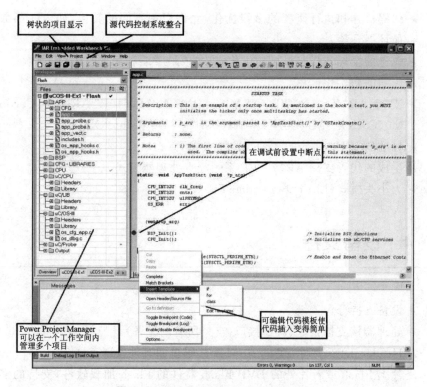

在调试前设置中断点

可编辑代码模板使
代码插入变得简单

Power Project Manager
可以在一个工作空间内
管理多个项目

图 C - 2　IAR Embedded workbench IDE

C-3　深度优化的 C/C++编译器

> 支持 C、EC++和扩展的 EC++,包括模板、名称空间和标准模板库
  (STL)等
> ARM 嵌入式应用二进制接口(EABI)和 ARM Cortex 微控制器软件标
  准兼容(CMSIS)
> 与其他 EABI 兼容工具互操作和二进制兼容
> 自动检查 MISRA C 规则
> 支持 ARM、Thumb1 和 Thumb2 处理器模式
> 在所有处理模式下,支持 4 GB 应用
> 支持 64 位字长
> 可重入代码

➤ 代码尺寸和执行速度的多级优化,允许启用不同的转换,如内联函数和循环展开等

➤ 先进的全局和指定目标的优化,可生成最紧缩和稳定的代码

➤ 压缩的初始化过程

➤ 支持 ARM7、ARM7E、ARM9、ARM9E、ARM10E、ARM11、Cortex‑M0、Cortex‑M1、Cortex‑M3、Cortex‑R4 和 Intel XScale。

➤ 标准的 IEEE 格式的 32、64 位浮点类型

➤ 生成的代码支持 ARM VEP 系列浮点处理器模式

➤ 大小头模式(Little/Big endian)

C‑4 设备支持

➤ 设备支持分为 4 级

➤ 处理器核支持指令、调试接口(支持所有的设备)

➤ Header/DDF 文件,在 C/ASM 源代码里面有外设寄存器名

➤ 片上 Flash 或者片外的 EVB Flash 器件的 Flash 加载软件,支持的多是市场上的器件

➤ 项目范例,从简单到相对复杂的应用范例

➤ 更加详细的设备支持清单,www.iar.com/ewarm,如图 C‑3 所示

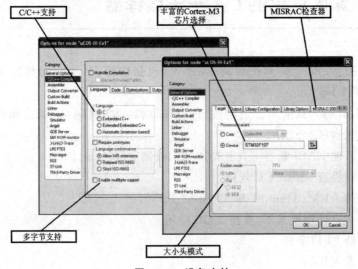

图 C‑3 设备支持

C-5 先进的 C-SPY 调试器

- ➢ 支持 Cortex-M3 SWV/SWO 的调试器
- ➢ 复杂代码和数据断点
- ➢ 用户选择断点类型(硬件/软件)
- ➢ 如果购买了 J-LINK 仿真器,支持 Flash 上无限制断点
- ➢ 运行堆栈分析,堆栈窗口监视内存消耗和堆栈完整性
- ➢ 即使是在高优化级别的时候,也完全支持堆栈的释放
- ➢ 剖析和代码覆盖性能分析工具
- ➢ 支持变量、寄存器值等表达式的跟踪工具,回顾执行的历史
- ➢ 寄存器、结构、调用链、局部变量、全局变量和外设寄存器的各种监视方式
- ➢ 在观察窗口(Watch Windows)显示智能 STL 容器
- ➢ 符号内存窗口和静态观察窗口
- ➢ I/O 和中断的仿真
- ➢ 真正的编辑时调试功能(editing-while-debugging)
- ➢ Header/DDF 文件,在 C/ASM 源代码里面有外设寄存器名
- ➢ 片上 Flash 或者片外的 EVB Flash 器件的 Flash 加载软件,支持多是市场上的器件
- ➢ 操作上拖拽的方式
- ➢ 通过文件的 I/O,支持目标系统访问主机文件
- ➢ 内建的 μC/OS-II 内核识别功能

【译者注】 最新版本的 C-SPY 已经支持 μC/OS-III。

C-6 C-SPY 调试器和目标系统支持

ARM 的 C-SPY 调试器有下面的驱动支持。

➢ 模拟器(Simulator)
➢ 硬件仿真(Emulator,JTAG/SWD)
● IAR J - LINK 探头,JTAG 和 SWD 支持,通过 USB 或者 TCP/IP 协议与主机连接
● RDI(Remote Debuger Interface)比如 Abatron BDI1000&2000、EPI majic、Ashling Opella、Aiji OpenICE、Signum JTAGject 和 ARM Muliti - ICE
● Macragor JTAG 接口:Macraigor Raven、Wiggler、mpDemon、usbDemon usb2Demon 和 usb2Sprite
➢ ST ST - LINK JTAG 调试探头

【译者注】 Abatron 是瑞士的一家硬件仿真器公司,产品有 BDI1000/2000,最新 JTAG 仿真器是 BDI3000 支持各种嵌入式 CPU。Aiji OpenICE 现更名为 CodeViser(CVD),支持各种 ARM 核的 CPU,包括各类 ARM 核的手机芯片。EPI majic 现在是 Mentor Graphic 嵌入式部门的产品,现在的产品是 Codebench JTAG probe,最新版本的 C - SPY 还支持 IAR 新的 I - JET 仿真器。

C - 7　IAR 汇编

➢ 一个功能强大的重定位宏汇编器,丰富的指令和操作符
➢ 内建的 C 语言预处理器,接受所有的 C 宏汇编定义。

C - 8　IAR I - LINK 连接器

➢ 完整的连接、重定位和格式生成,支持生成 Flash/PROM 代码
➢ 灵活的命令,允许准确的控制代码和数据的排布
➢ 优化的连接,去掉了没有用的代码和数据
➢ 支持直接连接的原始二进制图像,例如多媒体文件

➢ 综合交叉引用和依赖内存映射
➢ 连接器兼容其它 EABI 工具生成的目标代码文件和库

C-9　IAR 库和库工具

➢ 包含了源代码的 ISO/ANSI C 和 C++的库
➢ 所有的底层程序,比如 writechar()和 readchar(),都包含了源代码
➢ 是一个轻量型的库,用户可以配置与应用系统相匹配,全部是源代码
➢ 建立和维护库项目,库和库模块的库工具
➢ 入口和符号信息清单

C-10　文　档

➢ 针对嵌入式应用的高效率代码编程指导
➢ 一步一步的示范过程
➢ 在线版本用户手册,帮助和文本文件

C-11　技术支持

　　IAR System 公司通过分支机构和全球的代理网络提供全球服务。IAR 还可以提供用户定制的技术服务。

附录 **D**

Micriμm 的 μC /Probe

μC/Probe 是基于微软 Windows 的应用软件,获得过大奖。它支持用户在运行的时候显示或者改变几乎所有内存中或是嵌入式目标板上的参数。用户只需简单的把仪表、数字指示器、表格、图形、虚拟 LED、棒图、滑块、开关和推按钮(gauges、numeric indicators、tables、graphs、virtual LEDs、bar graphs、sliders、switches 和 pushbuttons)等其他组件填入 μC/Probe 的图形环境,再把这些与变量或内存位置联系起来。

使用了 μC/Probe,你就再也不用在运行时操作目标代码,让它显示一个变量或者改变这个变量的值。事实上,你不必增加 printf( )语句和硬件,比如 LED、LCD 或者其它的工具去观察到正在运行的嵌入式目标系统内部的情况。两个版本的 μC/Probe 可以从 Micriμm 获得(见 3.2 节"下载 μC/Probe")。

购买 μC/OS - III 许可授权的用户,可以免费获得一个全功能版本的 μC/Probe 授权,这个全功能版本支持 J - LINK、RS - 232C、USB 和其它接口,允许你显示任意数量的变量。试用版(trial)只允许你显示 8 个应用变量,但是它允许你监视任意 μC/OS - III 的变量,因为 μC/Probe 可以识别 μC/OS - III。

本书提供的例子,是假设你已经下载和安装了两个 μC/Probe 版本中的一种。本附录提供给你一个简单的 μC/Probe 介绍。

图 D - 1 所示是一个在 μC/Eval - STM32F107 开发板上使用 μC/Probe 的典型开发环境的框图。

FD - 1(1)　　这部分是你正在开发的应用代码。假设你是正在使用本书提供的 μC/OS - III,虽然 μC/Probe 并不需要 RTOS,但它可以与 RTOS 一起工作,或者没有 RTOS 也能工作。

FD - 1(2)　　本书的例子是假设你在使用 IAR Embedded Workbench for ARM

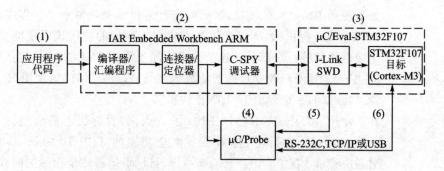

图 D－1　使用 μC/Eval－STM32F107 评估板的开发环境

工具链。但是实际上，只要是工具链的连接/定位器生成的 ELF 文件和 IEEE695 μC/Probe 输出文件，μC/Probe 都可以支持。

FD－1(3)　　J－LINK 允许 C－SPY 调试器将应用代码下载到板上 STM32F107 微控制器 Flash 单元上，C－SPY 可以让你在 Flash 里面调试应用代码。

【译者注】　本书原版推荐的 μC/Eval－STM32F107 开发板上自带了一个 Segger J－LINK SWB，中国版 μC/Eval－STM32F107 没有这个模块。读者购买了中国版的 μC/Eval－STM32F107 后需要再采购一个 J－LINK 仿真器。

FD－1(4)　　μC/Probe 读取文件连接器/定位器所产生的完全相同的 ELF 或 IEEE695 格式输出文件。μC/Probe 可以提取应用程序代码的全局变量的名称、数据类型和地址。这些信息让 μC/Probe 使用自己的压力表、数字指示器、表格、图形、虚拟 LED、棒图、滑块、开关和推按钮等图形组件，显示任何变量的值。

FD－1(5)　　μC/Probe 支持与 Cortex－M3 处理器通过 J－LINK SWB 接口连接。事实上 μC/Probe 和 C－SPY 都可以通过 J－LINK 同时访问目标板。这样你可以使用 C－SPY 调试器单步运行，使用 μC/Probe 监视目标板上变量的改变。通过 J－LINK 接口还有一个好处，这种方式不需要目标板上运行程序来与 μC/Probe 通讯。

FD－1(6)　　μC/Probe 与 μC/Eval－STM32F107 通讯，除了 J－LINK 方式外还可以通过 RS－232C、以太网（TCP/IP）或者 USB。

如果使用 RS-232C 接口,目标板需要运行一个驻留程序。程序是由 Microμm 提供的,你仅仅需要把它加入到你的应用代码里面,作为项目构建的一个部分。这个方式不同于使用 J-LINK,只能使用 μC/Probe 显示和改变目标板的数据。但是,有一个好处,使用 RS-232C 数据的采集要比 J-LINK 快得多。

如果使用 μC/Eval-STM32F107 的以太网,目标板上需要运行一个驻留程序。实际上,你需要一个全功能的 TCP/IP 协议,比如 Microμm μC/TCP-IP。与前面一样,目标板运行驻留程序的时候,能够看到和修改板上的数据。另外,以太网接口能够提供更快的传输速率。

最后,μC/Probe 还可以使用 USB OTG 接口与目标板通讯。这个情况,目标板需要运行一个 USB 设备的 HID 协议,比如 Microμm μC/USB-Device 的 HID 选件。与 RS-232C 和以太网相同,目标板运行驻留程序的时候,能够看到和修改板上的数据。

D-1 μC/Probe 是一个 Windows 应用

前面已经提到,μC/Probe 是一个基于微软 Windows 应用,当你打开 μC/Probe 的时候,你将看到如图 D-2 所示的开发环境。

FD-2(1) μC/Probe 的主菜单是数据屏幕(Data screen),你可以把比如压力表、计量器、图形、虚拟 LED、滑块和开关等更多的目标(Object)拖拽进来,然后在运行的时候显示和改变这些变量。μC/Probe 可以让你定义任何数量的数据屏幕,每个数据屏幕有一个名称,在每个数据屏幕的顶部有一个标签(tab)。

FD-2(2) 当数据屏幕建立的时候,它们的名字也出现在工作区(Workspace)。工作区定义了 μC/Probe 项目的结构,数据屏幕可以从其它的项目导入,也可以导出。

FD-2(3) 符号浏览器(Symbol Browser)包含了所有变量的清单,μC/Probe 可以显示和改变这些变量。编译模块生成的符号表是按照阿拉伯数字排序。您可以展开这些文件,并查看所有在该模块中定义的变量,你可以使用的符号搜索框,搜索这些符号。

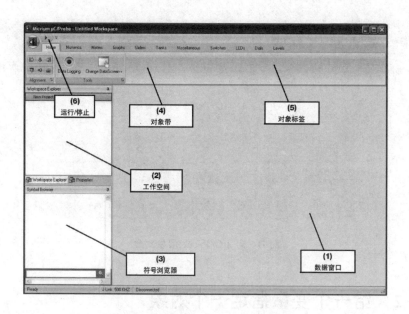

图 D‑2   μC/Probe 的开发环境

FD‑2(4)   对象带(Object Ribbon)是指一个有压力表、计量器、数字指示器、滑块和图形等目标的地方,可以把它们拖拽到数据屏幕上。

FD‑2(5)   类似的对象组合在一起,每个目标都有自己的标签(tab)。可以把自己选择的对象拖拽到数据屏幕,并与一个实例对象关联起来,某些对象允许关联多个变量。

FD‑2(6)   运行和停止按钮在左上角,μC/Probe 的运行模式对正在运行的目标系统并没有什么特别含义。对于 μC/Probe,运行意味着与目标系统通讯,开始收集和显示数据。

图 D‑3 显示了计量器(Meter)对象的一个组。

图 D‑4 显示了水平(Level)对象的一个组。

图 D‑5 显示了滑块(Slider)对象,它允许与多个变量关联。

图 D‑3   μC/Probe 计量器对象

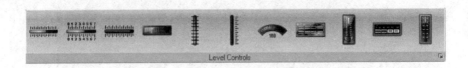

图 D-4　μC/Probe 水平对象

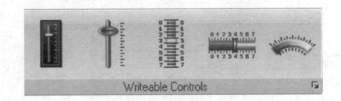

图 D-5　μC/Probe 滑块对象

D-2　给一个变量指定一个对象

给一个变量指定一个对象非常简单,如图 D-6 所举例的那样(假设代码已经下载到目标板上运行起来)。

FD-6(1)　选择一个最能在视觉上表示变量的对象,比如温度计、LED 和计量器。

FD-6(2)　把对象拖拽数据屏幕。

FD-6(3)　在符号浏览器上找到相关变量,简单输入头几个字母,μC/Probe 会缩小搜索范围,单击变量左边的小方块,双击选中。

FD-6(4)　当你想看看变量的值的时候,单击左上角的运行图标。

只要你愿意,可以在每个数据屏幕增加更多的对象。需要注意,μC/Probe 试用版只允许你看到 8 个应用变量,但是可以显示所有的 μC/OS-III 变量。

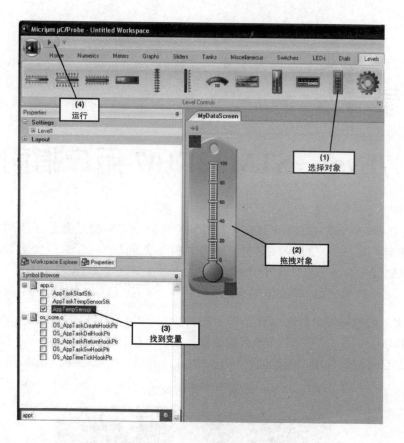

图 D-6　给一个变量指定一个对象

附录 **E**

μC /Eval – STM32F107 用户指南

μC/Eval – STM32F107 评估板（中国版）是一个完整的开发平台，采用了基于 ARM Cortex – M3 核的 ST 微处理器。包含全速 USB OTG，以太网 MAC，2 个 CAN2.0A/B 兼容接口，2 个 I^2S 接口，2 个 I^2C 接口，5 个 USART 接口并支持智能卡，3 个 SPI 接口，内部带有 64 KB SRAM 和 256 KB Flash，支持 JTAG 调试。

板上的硬件可以帮助你评估所有的外设（USB OTG，FS，以太网，CAN 总线，SD/MMC 卡，USART 和温度传感器等）和开发自己的应用程序。扩展排针和原型区可以帮助用户轻松的在板上添加自己的硬件接口，实现特定应用。

图 E – 1 为 μC/Eval – STM32F107 评估板的图片。

图 E – 1   μC/Eval – STM32F107 评估板

E‒1　特　性

μC/Eval‒STM32F107 提供以下特性：

- ➤ 72 MHz 的 STM32F107，基于 Cortex‒M3 的微控制器
- ➤ 256 KB 的闪存
- ➤ 64 KB 的 SRAM
- ➤ 10/100M 以太网接口
- ➤ 全速 USB‒OTG 连接器
- ➤ RS‒232C 接口
- ➤ CAN 接口连接排针
- ➤ SD/MMC 卡插槽
- ➤ STLM75 温度传感器
- ➤ 3 个 LED(红，黄，绿)
- ➤ 复位按钮
- ➤ I/O 端口连接器(排针)
- ➤ 原型区
- ➤ JTAG 调试接口
- ➤ USB 接口供电
- ➤ WiFi 模块 EMW3280 接口
- ➤ 符合 RoHS

E‒2　硬件的布局和配置

μC/Eval‒STM32F107 评估板基于 STM32F107VCT 芯片的 100 引脚 TQFP 封装设计。

图 E‒2 展示了 STM32F107VCT 和外设(USB OTG、以太网、RS232、SD/MMC 卡、CAN、温度传感器和 WiFi 模块 EMW3280 接口)连接的硬件框图。图 E‒3 将帮助您在评估板找到对应的功能模块。

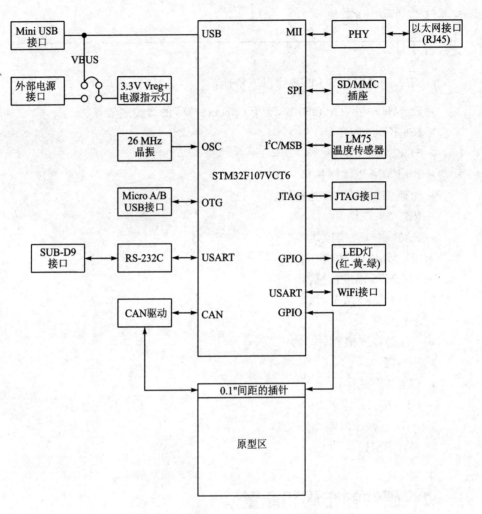

图 E‑2　μC/Eval‑STM32F107 硬件框图

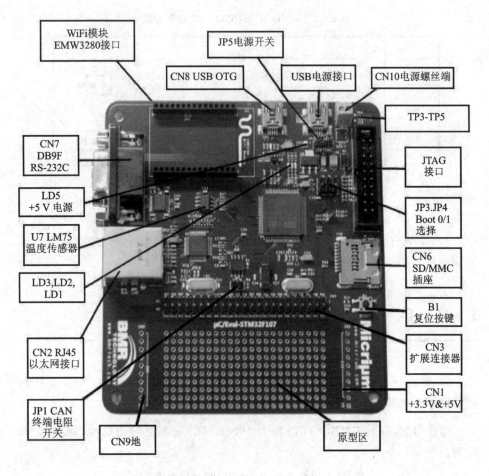

WiFi模块
EMW3280接口

JP5电源开关

CN8 USB OTG

USB电源接口

CN10电源螺丝端

TP3-TP5

CN7
DB9F
RS-232C

JTAG
接口

LD5
+5 V 电源

JP3.JP4
Boot 0/1
选择

U7 LM75
温度传感器

CN6
SD/MMC
插座

LD3,LD2,
LD1

B1
复位按键

CN2 RJ45
以太网接口

CN3
扩展连接器

JP1 CAN
终端电阻
开关

CN1
+3.3V&+5V

CN9地

原型区

图 E – 3 μC/Eval – STM32F107 评估板布局

E – 3 电 源

  μC/EVAL – STM32F107 评估板由一个 5 V 直流电源供电。板子可以使用两种电源：

  ① 5 V 直流电源适配器连接到 CN10，主板上的电源螺丝端子。

  ② 500 mA 的 5 V VBUS 通过 CN5，B 型 mini USB 接口获取。

  通过设置 JP5 跳线配置电源，如表 E – 1 中所列。

表 E‐1 μC/Eval‐STM32F107 电源跳线

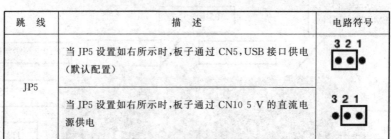

跳线	描　述	电路符号
JP5	当 JP5 设置如右所示时,板子通过 CN5,USB 接口供电（默认配置）	3 2 1
	当 JP5 设置如右所示时,板子通过 CN10 5 V 的直流电源供电	3 2 1

注意:

(1) 当 μC/EVAL 板提供了 5 V 供电后,LED 灯 LD5 点亮。

(2) 在板子右上端有三个测试点 TP4(5 V),TP3(GND) 和 TP2(3.3 V)来检测电压。

E‐4 启 动

μC/Eval‐STM32F107 评估板可以从以下设备启动:嵌入式 Flash、系统内存和用于调试的嵌入式 SRAM。

通过设置跳线 JP3(BOOT1) 和 JP4(BOOT0)来配置启动选项,如表 E‐2 所列。

表 E‐2 μC/Eval‐STM32F107 启动选项跳线

跳　线	启　动	开　关
JP4&JP3	当 JP4 配置如右所示时,μC/Eval 从 Flash 启动,该配置中 JP3 无关（默认配置）	0<_>1
	当 JP3 和 JP4 配置如右所示时,μC/Eval 从 SRAM 启动	0<_>1
	当 JP3 和 JP4 配置如右所示时,μC/Eval 从系统内存启动	0<_>1

E-5 复 位

μC/Eval – STM32F107 评估板的复位信号低电平有效。复位源可能会来自：板右下角的复位按钮 B1，JTAG 的 RESET 信号或是扩展连接器 CN3 的引脚 45。

E-6 CAN

μC/Eval – STM32F107 评估板支持单通道 CAN2.0A/B 兼容、基于 3.3 V CAN 收发器的 CAN 总线通信。CAN 收发器(U1)配置为高速模式。CAN 总线可连接到扩展连接器 CN3 的引脚 28(CAN_L)和引脚 30(CAN_H)。CAN 接口连接到 STM32F107VCT 重映射的 CAN1(PD0,PD1)。板子配置了 CAN 终端电阻(120 Ω)，可以通过跳线 JP1 连接到总线上，如表 E-3 所列。

表 E-3 μC/Eval – STM32F107 CAN 相关的跳线

跳 线	描 述
JP1	当 JP1 连接时，使能 CAN 终端电阻，默认设置：未连接

E-7 RS-232

支持硬件流控制的 RS232 通讯通过 D 型 9 针的 RS-232 连接器 CN7 和收发器 U8 实现，它连接到 USART2，在 μC/Eval – STM32F107 评估板上，由 PD3 重映射到 PD6。

E-8 SD/MMC

板上提供了 SD/MMC 卡(安全数字/多媒体卡)连接器(CN6)，但产品默认

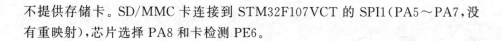
不提供存储卡。SD/MMC 卡连接到 STM32F107VCT 的 SPI1(PA5～PA7,没有重映射),芯片选择 PA8 和卡检测 PE6。

E - 9 USB - OTG

μC/Eval - STM32F107 评估板支持 USB - OTG 全速(12 Mbps)通信,提供了一个 USB 微型 AB 连接器(CN8),USB 电源开关(U9)连接到 VBUS。评估板没有为这个 USB 接口供电。

当电源开关(U9)供电时,绿色 LED 灯 LD6 将点亮,这对应 USB 主机模式。在这种情况下,板上提供的 5 V VBUS 为连接到 CN8 的 USB 设备供电。当检测到过电流时,红色 LED 灯 LD7 将点亮。

E - 10 LM75 温度传感器

10 位温度传感器,STLM75M2E(U7)连接到 STM32F107VCT 的 I^2C1 总线(PB5～PB7),接口没有重映射。

E - 11 调试接口

μC/Eval - STM32F107 提供了一个 JTAG 接口,作为默认调试器/编程接口。可通过 IAR 的 J - Link 开发工具调试应用。SWD 端口直接连接到 STM32F107VCT 的调试端口。通过桥接,可选择连接到其他所有的 JTAG 信号,如表 E - 4 中所列。

表 E - 4　μC/Eval - STM32F107 JTAG 焊接桥

跳　线	描　　述
SB1	当 SB1 断开时,J - Link TDO/SWO 没有连到 STM32F107VCT 的 TDO 引脚,J - Link 仅支持 SWD 通信 当 SB1 连接时,J - Link TDO/SWO 连到 STM32F107VCT 的 TDO 引脚,J - Link 支持 JTAG 和 SWD 通信(默认配置)
SB2	当 SB2 断开时,J - Link TD1 没有连到 STM32F107VCT 的 TD1 引脚,J - Link 仅支持 SWD 通信 当 SB2 连接时,J - Link TD1 连到 STM32F107VCT 的 TD1 引脚,J - Link 支持 JTAG 和 SWD 通信(默认配置)
SB3	当 SB3 断开时,J - Link TRST 没有连到 STM32F107VCT 的 TRST 引脚,J - Link 仅支持 SWD 通信 当 SB3LI 连接时,J - Link TRST 连到 STM32F107VCT 的 TRST 引脚,J - Link 支持 JTAG 和 SWD 通信(默认配置)

E - 12　以太网

μC/Eval - STM32F107 评估板带有一个"PHY"(DP83848CVV,U2)和集成的 RJ45 连接器(CN2),支持 10/100M 以太网通信,也支持 MII 接口模式。25 MHz 以太网时钟由晶振 X1 连接到 PHY 提供。

注意:测试点 TP1 可以用来检查 PHY 时钟频率。

E - 13　时　钟

μC/Eval - STM32F107 上的 STM32F107VCT 有两个时钟源,包括一个嵌入式 RTC:

① 用于嵌入式 RTC 的 32.768 kHz 晶振 X3,连接到 PC14、PC15。

② STM32F107VCT 微控制器 25 MHz 的晶振 X2。

通过配置 SB4 和 SB5,PC14 和 PC15 可连接到扩展连接器 CN3,如表 E - 5 所列。

表 E‐5 μC/Eval‐STM32F107 32 kHz 晶振 X3 焊接桥

跳　线	描　述
SB4	当 SB4 断开时, PC14 连接到 32 kHz 晶振(默认配置)
	当 SB4 连接时, PC14 连接到扩展连接器 CN3
SB5	当 SB5 断开时, PC15 连接到 2 kHz 晶振(默认配置)
	当 SB5 连接时, PC15 连接到扩展连接器 CN3

E‐14 连接器

E‐14‐1 扩展连接器(CN3)

CN3 的引脚定义如表 E‐6 所列。

表 E‐6 μC/Eval‐STM32F107 扩展连接器 CN3 引脚

描　述	引脚名	CN3 引脚号	CN3 引脚号	引脚名	描　述
I/O 口	PA4	1	2	PE3	I/O 口
I/O 口	PB0	3	4	PE4	I/O 口
I/O 口	PB1	5	6	PB3	I/O 口或 TDO(SB1)
I/O 口	PB9	7	8	PB4	I/O 口或 TRST(SB3)
I/O 口	PB14	9	10	PE7	I/O 口
I/O 口	PB15	11	12	PE8	I/O 口
I/O 口	PC0	13	14	PE9	I/O 口
I/O 口	PC4	15	16	PE10	I/O 口
I/O 口	PC5	17	18	PE11	I/O 口
I/O 口	PC6	19	20	PE12	I/O 口
I/O 口	PC7	21	22	PE13	I/O 口
I/O 口	PC8	23	24	PE14	I/O 口
I/O 口	PC9	25	26	PE15	I/O 口
I/O 口	PC10	27	28	CAN_l	CAN 总线低

续表 E-6

描　述	引脚名	CN3 引脚号	CN3 引脚号	引脚名	描　述
I/O 口	PC11	29	30	CAN_H	CAN 总线高
I/O 口	PC12	31	32	PD6	I/O 口
I/O 口	PC13	33	34	PD5	I/O 口
I/O 口	PC14	35	36	PD4	I/O 口
I/O 口	PC15	37	38	PD3	I/O 口
I/O 口	PD2	39	40	PA15	I/O 口或 TD1(SB2)
I/O 口	PD7	41	42	PE2	I/O 口
I/O 口	PE0	43	44	PA13	I/O 口或 TMS
I/O 口	RESET	45	46	PA14	I/O 口或 TCK

注:(SBx)表示连接器上相应的焊点必须使能该信号。

E-14-2　电源连接器(CN1&CN9)

包装区左侧的 CN9 连接器上的 9 个引脚连接板子的地。

连接器 CN1 的高 8 个引脚连接到 3.3 V 电源,最低引脚连接到板子的 5 V 电源。

E-14-3　WiFi 模块 EMW3280 连接器

μC/Eval - STM32F107 评估板带有一个 EMW3280 连接器,通过 RS-232 接口实现了 WiFi 功能的扩展。信号定义如表 E-7 所列。

表 E-7　EMW3280 连接器

引脚号	描　述	引脚号	描　述
15	GND	24	VDD
17	/RESET(PC9)	25	GND
22	TXD(PC11)	29	ERX1(PC8)
23	RXD(PC10)	30	ERX0(PC7)

E-14-4　RS-232 连接器(CN7)

RS-232 连接器(CN7)如图 E-4 所示,引脚定义见表 E-8 所列。

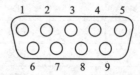

图 E-4　μC/Eval-STM32F107 DB9 RS-232 连接器 CN6 前视图

表 E-8　μC/Eval-STM32F107 RS-232 CN6 连接器

引脚号	描　述	引脚号	描　述
1	NC	6	NC
2	RS232_TXD(PD5)	7	RS232_CTS(PD3)
3	RS232_RXD(PD6)	8	RS232_RTS(PD4)
4	NC	9	NC
5	GND		

E-15　I/O 分配

I/O 分配如表 E-9 所列。

表 E-9　I/O 分配

引脚号	引脚名称	μC/Eval-STM32F107 处理器 I/O 分配
1	PE2	I/O 口 PE2
2	PE3	I/O 口 PE3
3	PE4	I/O 口 PE4
4	PE5	MII_INT
5	PE6	SDCard_Detection
6	VBAT	
7	PC13-ANTI_TAMP	I/O 口 PC13

续表 E - 9

引脚号	引脚名称	μC/Eval - STM32F107 处理器 I/O 分配
8	PC14 - OSC32_IN	OSC32K 或 I/O 口 PC14
9	PC15 - OSC32_OUT	OSC32K 或 I/O 口 PC15
10	VSS_5	
11	VDD_5	
12	OSC_IN	
13	OSC_OUT	
14	NRST	RESET
15	PC0	I/O 口 PC0
16	PC1	ETHER_MDC
17	PC2	ETHER_TXD2
18	PC3	ETHER_TX_CLK
19	VSSA	
20	VREF-	
21	VREF+	
22	VDDA	
23	PA0 - WKUP	ETHER_CRS
24	PA1	ETHER_RX_CLK
25	PA2	ETHER_MDIO
26	PA3	ETHER_COL
27	VSS_4	
28	VDD_4	
29	PA4	I/O 口 PA4
30	PA5	SPI_SCK_MMC
31	PA6	SPI_MISO_MMC
32	PA7	SPI_MOSI_MMC
33	PC4	I/O 口 PC4
34	PC5	I/O 口 PC5
35	PB0	I/O 口 PB0
36	PB1	I/O 口 PB1

引脚号	引脚名称	μC/Eval - STM32F107 处理器 I/O 分配
37	PB2	BOOT1
38	PE7	I/O 口 PE7
39	PE8	I/O 口 PE8
40	PE9	I/O 口 PE9
41	PE10	I/O 口 PE10
42	PE11	I/O 口 PE11
43	PE12	I/O 口 PE12
44	PE13	I/O 口 PE13
45	PE14	I/O 口 PE14
46	PE15	I/O 口 PE15
47	PB10	ETHER_RX_ER
48	PB11	ETHER_TX_EN
49	VSS_1	
50	VDD_1	
51	PB12	ETHER_TXD0
52	PB13	ETHER_TXD1
53	PB14	I/O 口 PB14
54	PB15	I/O 口 PB15
55	PD8	ETHER_RX_DV
56	PD9	ETHER_RXD0
57	PD10	ETHER_RXD1
58	PD11	ETHER_RXD2
59	PD12	ETHER_RXD3
60	PD13	LED0
61	PD14	LED1
62	PD15	LED2
63	PC6	I/O 口 PC6
64	PC7	I/O 口 PC7
65	PC8	I/O 口 PC8

续表 E－9

引脚号	引脚名称	μC/Eval–STM32F107 处理器 I/O 分配
66	PC9	I/O 口 PC9
67	PA8	SPI_CS_MMC
68	PA9	VBUS
69	PA10	ID
70	PA11	DM
71	PA12	DP
72	PA13	Debug
73	NC	
74	VSS_2	
75	VDD_2	
76	PA14	Debug
77	PA15	Debug
78	PC10	TXD
79	PC11	RXD
80	PC12	I/O 口 PC12
81	PD0	CAN_RX
82	PD1	CAN_TX
83	PD2	I/O 口 PD2
84	PD3	USART_CTS
85	PD4	USART_RTS
86	PD5	USART_TX
87	PD6	USART_RX
88	PD7	I/O 口 PD7
89	PB3	Debug
90	PB4	Debug
91	PB5	INT_Temperature
92	PB6	I2C_SCL_Temperature
93	PB7	I2C_SDA_Temperature
94	BOOT0	BOOT0

续表 E-9

引脚号	引脚名称	µC/Eval-STM32F107 处理器 I/O 分配
95	PB8	ETHER_TXD3
96	PB9	I/O 口 PB9
97	PE0	I/O 口 PE0
98	PE1	USB_PowerSwitchOn
99	VSS_3	
100	VDD_3	

E-16 原理图

图 E-5～图 E-14 为 µc/Eval-STM32F107 评估板的原理图。

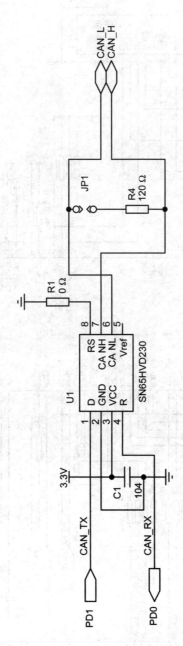

图 E - 5　uC/Eval - STM32F107 CAN

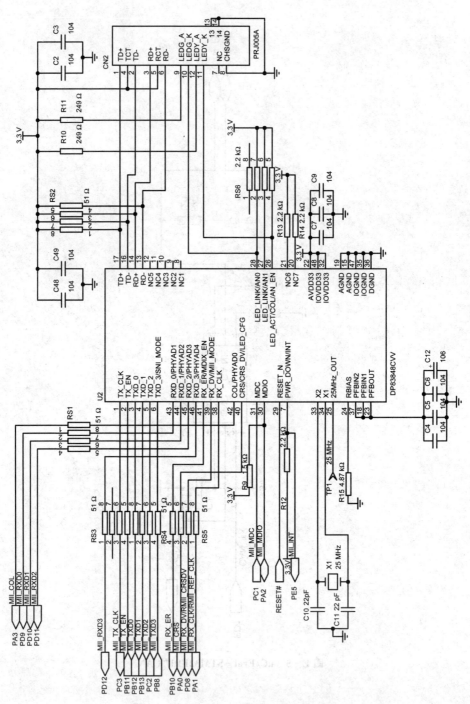

图 E - 6   uC/Eval - STM32F107 Ethernet

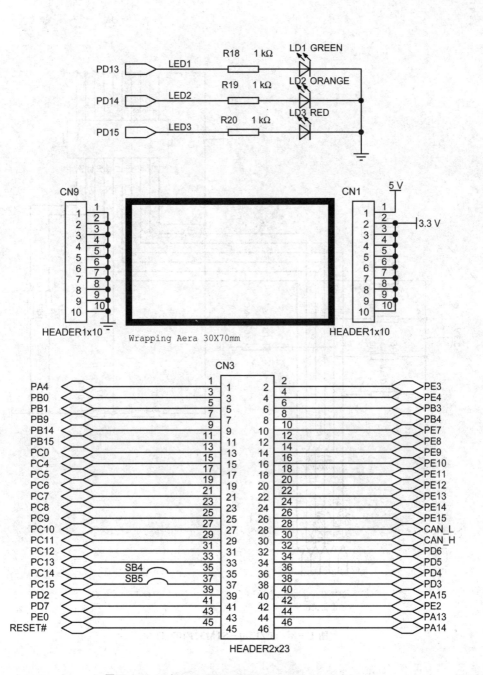

图 E – 7　uC/Eval – STM32F107 Extension connector

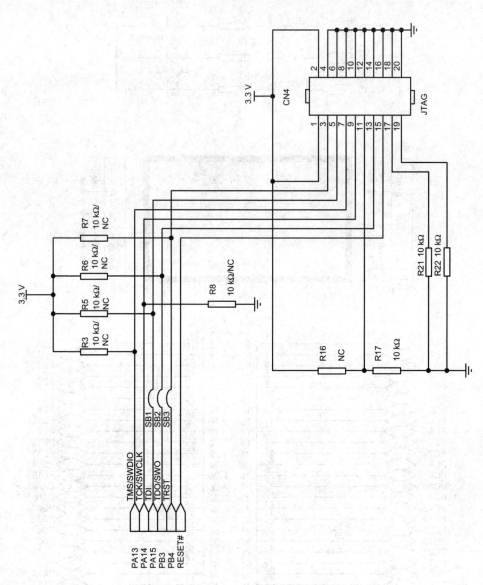

图 E‒8 uC/Eval‒STM32F107 JTAG

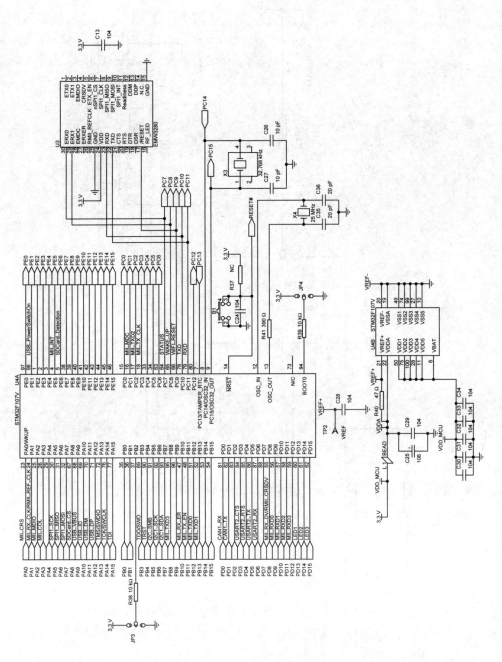

图 E - 9   uC/Eval - STM32F107 WiFi

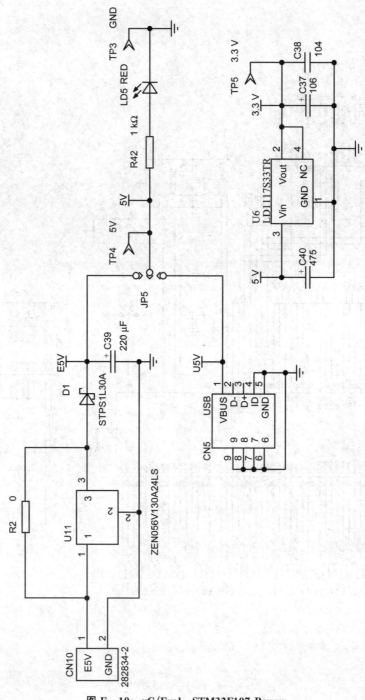

图 E - 10　uC/Eval - STM32F107 Power

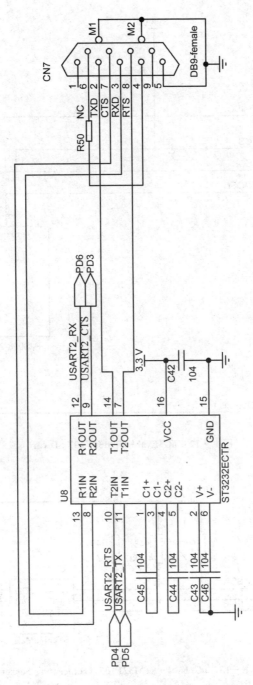

图 E‑11　uC/Eval – STM32F107 RS – 232

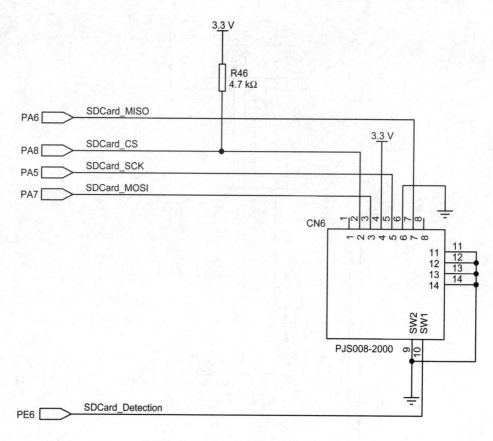

图 E‑12 uC/Eval‑STM32F107 SD card

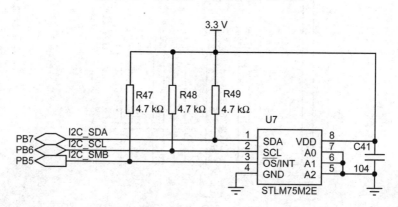

图 E‑13 uC/Eval‑STM32F107 Temperature Sensor

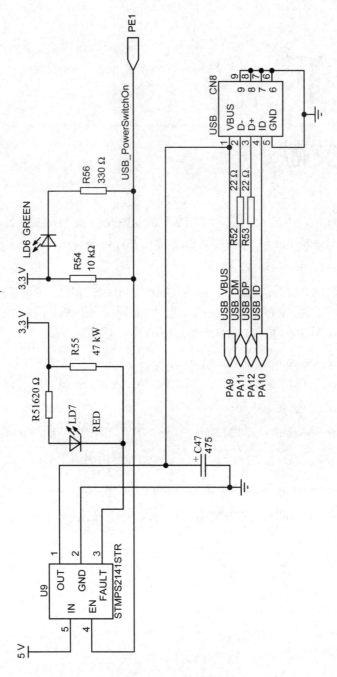

图 E – 14　uC/Eval – STM32F107 USB_OTG_FS

附录 F

参考文献

[1] ARM Ltd.. ARM Cortex – M3 Technical Reference Manual. 110 Fulbourn Road, Cambridge, CB1 9NJ, England, http://www. arm. com/documentation/ARMProcessor_Cores/

[2] Hitex (UK) Ltd.. The Insider's Guide to the STM32 ARM Based Microcontroller. Sir William Lloyd Road, University of Warwick Science Park, Covertry, CV4 7EZ, United Kingdom, www. hitex. com

[3] STMicroelectronics. RM0008 Reference Manual STM32F101xx, STM32-F102xx, STM32F103xx, STM32F105xx and STM32F107xx advanced ARM – based 32 – bit MCUs, 2009

[4] STMicroelectronics. STM32F105xx – STM32F107xx datasheet, 2009.

[5] STMicroelectronics. STM32F105xx and STM32F107xx Errata Sheet, 2009.

[6] STMicroelectronics. PM0042 Programming Manual, 2009.

[7] STMicroelectronics. STM32F10xx Flash programming, 2009.

附录 **G**

μC/OS‑**III** 许可政策

　　μC/OS‑III 以源码的形式提供免费的短期评估,可用于教学目的的或者用于和平目的的研究。如果用户计划将 μC/OS‑III 用于商业程序/产品,那么需要与 Micriμm 公司联系以获得适合用户程序/产品的 μC/OS‑III 使用许可。

　　为了方便用户的使用、帮助用户体验 μC/OS‑III,我们提供了全部的源码。但事实上,提供源码并不意味着用户可以在不支付许可费用的情况下,将其用于商业目的。源代码所提供的知识也不能被用于开发类似的产品。

　　用户可以使用 μC/OS‑III 和 μC/Eval‑STM32F107 评估板,针对教育目的的应用,在初期你或许不需要再购买其他什么了,不过一旦代码被用于盈利性的商用应用,你需要去购买许可。

　　当决定在产品设计中采用 μC/OS‑III 时,即需要购买软件许可证,而不是当产品即将量产时才购买。

　　如果用户不太确定是否需要为自己的程序购买软件使用许可证,请联系 Micriμm 公司并与销售代表讨论计划中的用途。

> 【译者注】　μC/OS‑III 许可分为产品、产品系列和不同的 CPU 种类等多种类型,你开发一种新的类似产品可能需要获得新的许可。

联系 Micriμm 公司
1290 Weston Road,Suite 306
Weston,　FL 33326
USA

电话：＋1 954 217 2036
传真：＋1 954 217 2037

Email：Licensing@Micrium. com
Web：www. Micrium. com